中国城市规划学会学术成果

"中国城乡规划实施理论与典型案例"系列丛书第1辑

精细设计 · 卓越实施

武昌滨江

商务核心区城市设计实践探索

武 汉 市 自 然 资 源 和 规 划 局

武汉市土地利用和城市空间规划研究中心　编著

中国建筑工业出版社

图书在版编目（CIP）数据

精细设计·卓越实施：武汉武昌滨江商务核心区城市设计实践探索 / 武汉市自然资源和规划局，武汉市土地利用和城市空间规划研究中心编著 . —北京：中国建筑工业出版社，2022.5
（"中国城乡规划实施理论与典型案例"系列丛书；第 11 卷）
ISBN 978-7-112-27251-8

Ⅰ . ①精… Ⅱ . ①武… ②武… Ⅲ . ①城市规划 – 建筑设计 – 研究 – 武汉 Ⅳ . ① TU984.263.1

中国版本图书馆 CIP 数据核字（2022）第 051627 号

责任编辑：刘　丹
责任校对：刘梦然

"中国城乡规划实施理论与典型案例"系列丛书第 11 卷
精细设计·卓越实施
武汉武昌滨江商务核心区城市设计实践探索
武 汉 市 自 然 资 源 和 规 划 局
武汉市土地利用和城市空间规划研究中心　　编著
*
中国建筑工业出版社出版、发行（北京海淀三里河路 9 号）
各地新华书店、建筑书店经销
北京方舟正佳图文设计有限公司制版
北京富诚彩色印刷有限公司印刷
*
开本：787 毫米 ×1092 毫米　1 / 16　印张：9　字数：161 千字
2022 年 7 月第一版　2022 年 7 月第一次印刷
定价：**118.00** 元
ISBN 978-7-112-27251-8
　　（39028）

目录

第 1 章
南岸之珠

1.1 一城江水，南岸的潇洒

长江对于武汉来说意义非凡。武汉以江为名，也称江城，长江从城市中心穿行而过，与最大支流汉水一起，让武昌、汉口、汉阳三镇独立存在却又紧密相连。

长江出三峡、汉江出丹江口后，就在今江汉平原一带奔涌交汇。两千年前，江汉平原还是地势低洼、荒无人烟的沼泽湿地，被称为"云梦大泽"。云梦泽南连长江，北通汉水，连绵不断的湖泊、沼泽、大泽若干，总面积 2 万余平方公里，是长江中游区域一处江、河、湖完全沟通融合、水流进出自如的水域场所。

每年汛期，长江和汉水暴戾忽现，到处洪水漫流，整个云梦泽江湖不分，呈现出大片大片水天相连的状态。同时，江水携带的大量泥沙，随着水流流速减缓，淤积了下来。先淤出小的洲滩，再逐渐淤出大的洲滩，云梦泽不断被分割、解体和缩小，慢慢地形成江汉内陆三角洲。

洪水退去后的这些洲滩土沃草丰，人们在此围垦、修防，汉阳、武昌的雏形正是在此基础上慢慢形成的。公元 1474 年（明成化十年），汉水改道，把汉阳的一部分分了出去，形成汉口，从而为武汉三镇奠定了地理基础。

1.1.1 长江造就武汉

得益于九省通衢的交通区位和商贸口岸的优势，清末民初的武汉曾是全国最大的城市之一，当时武汉承担了两大国家功能中心：商贸流通中心和近代大工业基地。徽、粤、赣等地商帮大量移迁武汉，一度形成"本乡人少、异乡人多"的景象，他们带来资金与人才，聚拢起武汉的活力和潜力。直到今天，在汉正街一带，依然生活着大量当年各地商帮的后人。当时西方洋商更是与本地华商共同做起国际买卖，"天下四聚""九省之会""商业重镇"

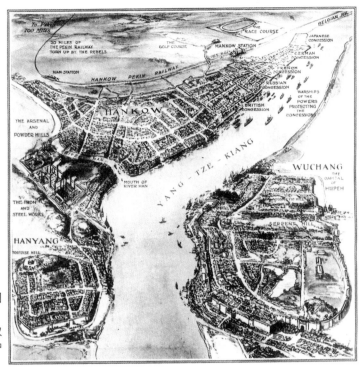

图 1-1　武汉三镇地理方位图
（1911 年）
图片来源：武汉市规划研究院.武汉
百年规划图记（第二版）［M］.中
国建筑工业出版社，2019.

等美誉称号也全都给了这座长江边的内陆城市。

正是长江的开放和包容，使得武汉人口结构参差，文化多元并存。孙中山在《建国方略》中曾写道："武汉应略如纽约、伦敦之大……若以之建设，亦是理想上之城市。"辛亥革命前夕，武汉是中国第二大商贸中心，汉口的间接对外贸易额长期约占全国总额的四分之一，仅次于上海，成为国际知名的我国内陆最大的外贸口岸之一。当然，雄厚的基础很大程度也是由于清末年间湖广总督张之洞的布局。在武昌滨江区域建设商务区，那时便已有了谋划。

1899 年张之洞督鄂，1900 年开始对武昌城北门外的建设规划，他说："武胜门外，直抵青山、滨江一带地方，与汉口铁路码头相对……为粤汉铁路码头，是武昌为南北干路之中枢，将来商务必臻繁盛，等于上海。"张之洞创立汉阳铁厂、汉阳兵工厂、京汉铁路、宗关水厂、大王庙电厂，大批近现代工业企业应运而生。他在武昌临江一带设置官纱、官布、缫丝、制麻四局，这是武昌最早出现的近代工业，曾十分兴盛。张之洞的行事风格有一股难得的潇洒，有学者写道："张氏抵鄂之年，应为湖北从传统走向现代化的起点。"尽管武昌商埠开发计划因故未能进一步实施，但这一宏伟目标从未被放弃过。

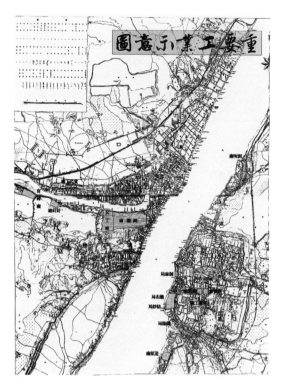

图 1-2 武汉市重要工业示意图（1913 年）
图片来源：武汉市规划研究院.武汉百年规划图记（第二版）［M］.中国建筑工业出版社，2019.

图 1-3 武昌城内马路干线及街道图（1929 年）
图片来源：武汉市规划研究院.武汉百年规划图记（第二版）［M］.中国建筑工业出版社，2019.

1.1.2 工业化向后工业化转变

1949 年新中国成立后，武昌的地位举足轻重，作为中南局所在地，一度由中央直辖。

"一五"期间，国家确定的第一批重点建设项目中，有七项建于武汉，武汉钢铁公司、武汉重型机床厂、武汉锅炉厂、武昌造船厂等一批大型国有企业纷纷布局于武昌江边及其辐射区域内，使其形成具有相当规模的带状重工业地带，并带动了整个武昌滨江地区的发展与繁荣。这批响当当的"武字头"企业几乎可以视作中国工业的脊梁。从 1959 年一直到改革开放初期，武汉的工业总产值仅次于上海、北京、天津，位居全国第四位。然而改革开放后，"武字头"企业未能调整好转型升级步伐，在市场经济大潮中渐渐被其他企业赶超。到了 1990 年以后，我国经济发展重心沿海化，武汉区位优势弱化，中心地位逐步下降。

在城市发展到一定阶段后，必须注重对土地利用效率较低的区域进行功能转化。这些位于城市中心的工业企业，实际上占据了武昌滨江一带大量土地和部分岸线，使城市生活与临水空间隔离，影响了城市活力与环境品质。对于企业而言，空间的局限也促使其向外寻求新的发展空间。长江滚滚东流奔腾不息，长江两岸的人与事也在物换星移间悄然改变。

2007 年，武汉城市圈获批"全国资源节约型和环境友好型社会建设综合配套改革试验区"，这对城市规划提出了更高要求：调整空间布局，腾退城市中心区原有工业用地，纯化并提升中心区现代服务业功能，提高土地使用效率，实现城市空间聚集发展；充分利用两江交汇、河湖密布的自然地理特征，完善城市生态格局。

城市"退二进三"政策加速了武昌滨江工业逐步外迁步伐，企业面临"关停并转"。武汉作为中国中部地区最大的内陆城市，此时正经历由工业社会向后工业社会的转变。大多数世界著名城市的临水区域都经历了前工业化时代、工业化时代和后工业化时代三个时期，随着"以人为本"的价值回归，无论是功能、用地结构的调整，还是环境的更新改造，临水的城市开发都在很大程度上带动了城市经济、社会文化、环境等各方面的发展，临水区域也逐渐成为城市核心区域。国际都市在这方面的经验、教训，无疑能为武昌滨江规划提供有益启示。

1.1.3 武昌滨江商务核心区萌芽

根据《武汉城市总体规划（2006—2020 年）》，武汉市定位为我国中部地区的现代服务中心，主要承担湖北省及中部地区的生产、生活服务中心职能，重点发展金融商贸、行政办公、文化旅游、科教信息、创新咨询等现代服务功能。

2009 年武汉市《政府工作报告》中明确提出"提升现代服务业发展水平"的发展目标，提出"促进中心城区错位发展、差异竞争，大力发展各具特色的现代服务业，加快服务业聚集区建设"的举措。

当时在中部四大城市群中，武汉城市圈的经济总量排名第二，在中部六省省会城市中，武汉经济总量居首。其中，武昌拥有丰厚的金融、科教、智力、行政、通信等发展现代服务业所必不可少的资源。现代服务业在武昌"三大产业"中所占比重高达 60%，其健康、稳定发展是武昌区产业平稳过渡的重要支撑。

同北岸层次丰富的汉口滨江相比，位于长江南岸的武昌滨江可以称得上是一块有着极大开发空间的"璞玉"，这种后发的优势为武昌滨江的全新打造提供了先天条件。

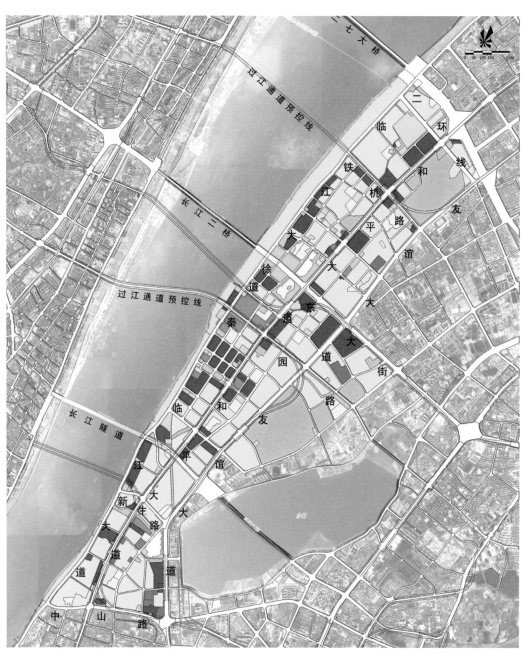

图 1-4 武昌滨江商务区整体规划

2008 年，"武昌滨江商务区"概念被提出，最初规划占地约 278hm²，沿江总长度 5680m，定位为武汉未来城市发展重点。

当时武昌滨江的用地状况存在着积攒多年的问题：功能单一、土地利用低效；区域性公共服务设施不足，公共性差；公共绿地严重匮乏，开放空间不连续，亲水性差等。

按照规划思路，武昌滨江商务核心区（以下简称"武昌滨江核心区"）将对沿江地区进行旧城改造，建设为武汉主城区新的现代服务业集聚区和具有标志性的多元化功能区，同时完善武昌滨水公共空间，构筑多条垂江绿化通廊，塑造优美的滨江天际轮廓线，并优化路网结构，建设集轨道交通、过江隧道、立体交通等多位一体的交通体系。

在这个最初只从中山路到长江二桥的沿江区域规划范围中，积玉桥板块最早启动，一批知名房地产企业先后开发了多处楼盘。此时城市发展已由从前的散状、点状逐渐转变为集中式开发，但由于当时武汉房地产开发仍处于起步阶段，整体还是以居住功能为主、公共功能为辅。

改善总体环境必须结合功能的置换和提升，注重对用地功能进行重组和新功能的注入，用环境与文化创造武昌新的经济增长模式。好的规划设计要把握民众的需求，对空间尺度、场所气氛的营造、界面的柔化和文化内涵的挖掘等进行细致分析研究。城市在发展，人的感受和需要也在不断改变，从这一点上来说，没有一成不变的规划，只有不断完善的设计。这也提示规划团队，城市规划并非一劳永逸，随着经济和社会发展，新的事物和需求层出不穷，规划只有与时俱进、勇于突破，才能紧跟时代，发挥出应有的作用。

1.2 在规划中生长

从地图上看，广义的武昌滨江范围包括长江、东湖、沙湖，以及洪山和蛇山等丰富的生态资源，天生的灵动好景正是这片区域的底气。

武昌滨江核心区是中央活动区内仅存的具有集中开发用地的城市中心之一，是《武汉2049远景发展战略规划》确定的江南主中心，是武汉市确定的七大功能区之一，是长江主轴核心段重要组成部分。

2013年6月，《武昌沿江地区实施性规划》获武汉市政府批复，重点研究武昌滨江商务区功能定位、整体景观结构、交通体系架构、商务核心区范围等内容，重点明确了市级层面商务区的发展定位及开展商务核心区深化设计的工作要求。在深化设计中重点关注核心区空间形象塑造和规划实施，研究商务核心区城市设计方案及交通、市政、地下空间等专项设计内容。

同年，武汉市委、市政府提出："将武昌古城和滨江商务区融合发展，突破性发展武昌滨江文化商务区"。强调"文化"是希冀连接历史与未来，在城市发展中延续文脉，保留城市记忆。更重要的是，武昌古城本就包含了丰富的文化旅游资源，在商务区内发展文化产业，也可以成为商务区发展的全新驱动力。在接下来的五年里，此项规划经过不断完善和推进，由一个概念变为现实。

1.2.1 由概念变为现实

武昌滨江区域有着非常优越的交通条件和江景元素，周边也集中了极其有代表性的文化、历史、生态资源，但与长江北岸汉口——已经发展成熟的滨江板块相比，武昌滨江的发展显然是滞后的。但也正是因为发展较晚，才能更多地吸取其他城市和其他项目的发展

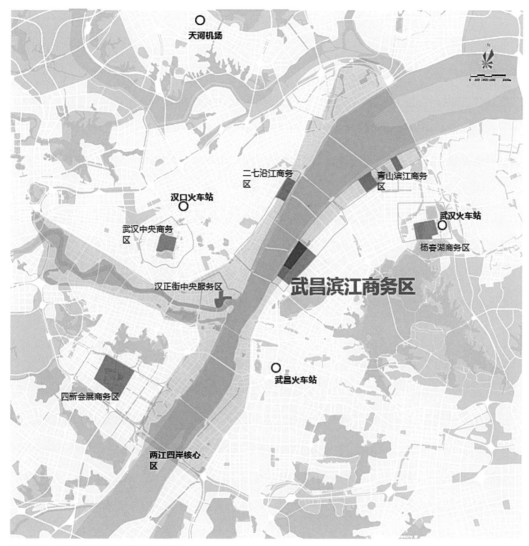

图 1-5 武汉市城市功能区布局图

经验，利用更新的理念和更先进的技术，打造更高标准和更具有滨江特色的标志性的多元功能区。

2014 年 2 月 18 日，原武汉市国土规划局与武昌区委、区政府联合组织的《武昌滨江商务核心区实施性城市设计》编制工作正式启动。其规划设计范围为和平大道、徐东大街、武车二路、武昌滨江所围合的区域，规划用地面积约 138.64hm²。同年 11 月 28 日，实施性城市设计概念方案阶段成果提交武汉市规划委员会审查，并获原则性同意。

2016年启动城市设计、市政、交通及地下空间等专项的深化设计工作。直至2018年，武昌滨江核心区土地招商取得多项进展，中铁磁浮、凯德置业、理工数传、南京福中集团等知名企业总部意向入驻。

随着房屋征收及招商工作持续推进，市场对地块建设也提出了新的诉求。2018年8月，《武昌滨江商务核心区实施性城市设计》调整方案经2018年第七次武汉市规划委员会专题会议审查通过。

具体规划方案调整内容包括：在延续原城市设计方案的核心亮点及核心理念的基础上，一是固化临江一线用地功能，强化商业商务功能，延展滨江景观；二是紧贴招商需求，适度调增居住规模占比；三是进一步完善滨江天际线。同年底，控制性详细规划导则成果公示，规划团队经分析研究后充分吸纳了反馈意见，并于2019年初，再次提交武汉市规划委员会审查，获得原则性同意。

1.2.2 满足人们的叠加需求

规划最终的落脚点还是"人"。新时代人们对美好生活自然会有新的要求和期待，规划团队所做的是为建立生活、工作、交通和游憩需求的复合功能区，使人们愿意在其中穿行，并愉悦使用公共开敞空间，满足人们的"叠加需求"。

这种需求具体体现在三个方面：一是视觉印象，二是人文层面，三是体验感受。第一，规划提供了一个绿色框架，搭建滨江核心区空间骨架。基于已有的武车二路垂江廊道，在商务区整体北移格局下，在秦园路—月亮湾区域打造一条新的垂江商务轴线，形成新的城市景观亮点。规划将武昌江滩公园和长江景色融入其中，在各尺度上完善蓝绿网络和生态廊道，增加绿色空间面积和人均绿化面积，创造多样的自然空间，促进自然循环，保护、巩固和整合地域生态结构。同时，重点研究武昌滨江核心区天际线的构筑方案。构筑方案需要统筹协调，既要理性控制又要感性思考，不断推敲，将零散的音符谱写成富有韵律的组曲。城市天际线优美与否，直接关乎城市形象。天际线的突出标志性建筑的主导地位，形成层次清晰、收弛有度的滨江建筑景观。再来塑造连续、协调的城市道路及景观界面，对不同等级、不同功能的道路，制定适宜的道路断面和建筑退界距离。

第二，针对人文风貌方面的需求，规划团队结合了特殊的城市肌理、历史保护建筑、

图 1-6 搬迁前的武九铁路

图 1-7 搬迁后的武九铁路

遗留的一段铁路，塑造地下和地上空间，把绿化、商业等融入步行城市连廊，赋予区域新的功能和生命，此举强化了顺江与垂江的步行网络体系。步行网络中的城市连廊，主要用于串联轨道站点、江滩公园与武昌滨江核心区的重要建筑塔楼，同时兼具通勤和停驻观江功能。连廊结合了建筑屋顶、公共建筑内部及过街连桥等多种空间进行布局，最窄净宽不低于 6m，24 小时对社会公众开放。同时，历史建筑和遗留铁路将在开发中获得合理利用，从前的武昌机务段老办公楼、四美塘仓库、"二战"日军马房等都将保留历史建筑原有立面，妥善保护其携带的历史文化的真实性，后期可用作商业、文化、办公以及社区服务设施，把一系列现代"功能盒子""嫁接"到老建筑立面上。

值得一提的是，建于20世纪50年代的武九铁路北环线，前身是1918年通车的粤汉铁路，从南至北经过武昌蛇山、沙湖、武昌北站、青山八大家、楠姆庙。当初的铁路线是围绕武汉建成区边缘而建，武九铁路北环线承担过客运功能、沿线铁路职工通勤功能以及流芳、武东等地区菜农往返等功能。但随着城市发展，这条铁路将长江以南滨江区域如徐家棚、杨园、红钢城一带割裂开来，由此产生了近40条"断头路"。这种低成本、与地面平面相交的铁路建设方式，造成城市的分割。

经过多年谋划，2018年武九铁路北环线启动搬迁，拆除铁轨。这些铁轨拆下后被原样保存，铺设在长江南岸生态文化长廊中，作为铁路主题元素之一展示在城市公共空间内。拆除武九铁路标志着曾在长江两岸中受轨道限制，蒙受"背江"发展之痛的武昌滨江正式从"背江"走向"面江"，进入拥江发展和价值冲高的快速通道。在积极保护的理念下，历史元素完全可以融入现代城市的运行中。通过对历史遗留的保护更新，唤醒历史地段的生机，能促进城市肌体新陈代谢，延续城市文脉并促进城市文化发展，从而成为新经济助推器。

第三处叠加点是从人们的体验感受角度来看的。在城市规划实践中，规划团队发现，当街坊大了以后，周边的窄小街道逐渐变成了宽广道路，街道的生活会因此显得单调，街道空间也没有充分利用。在武昌滨江核心区北片，成片集中着老的小肌理街区，街区的形式为开发提供了灵活的框架，建立了清晰的秩序感。

所以，在武昌滨江核心区的规划设计中，规划团队以典型的街区概念为依据，响应中央关于城市规划的新理念，提出"密路网、小街区、窄马路"的设计思路，营造适合慢行系统的城市尺度，寻找回人性化街区的记忆。"密路网"有助于降低每条道路的车流量，使街景环境变得更适宜步行，结合地块功能线形分布，创造人性化街区尺度，提高道路通达性。小尺度街区有助于提供更短、更直接的人行道路。结合各种公共开放空间、建筑物地面和地下地上步行系统，进一步提高慢行线路的多样性。同时，优质的街区环境有利于吸引人们进行户外活动。更多的室外活动有利于沿街商业的经营，同时鼓励更多的社会互动活动，所有这些都将有助于社区认同感的形成，增加社区凝聚力与活力。摒弃"英雄主义"的城市空间观念，追求公共空间、绿化景观的生活化渗透。

　　临水而筑的武昌滨江核心区，通过打开封闭的江岸，创造贴近市民、公共活动丰富的滨水开放空间，加强人和水的联系，优化滨江公共环境，使武昌滨江重新回到城市中心。

第 2 章

规划之笔

2.1 规划调研

上海黄浦江畔有陆家嘴金融区，广州珠江之畔有珠江新城，根据《武汉 2049 远景发展战略》，武昌滨江核心区是中央活动区内仅存的具有集中开发用地的城市中心之一，是《武汉 2049 远景发展战略》确定的江南主中心，是武汉市确定的七大功能区之一，是长江主轴核心段的重要组成部分。滨江核心区片定位为代表武汉总部经济聚集最高水平、具有国际影响力的区域性总部商务首善区，将打造成以总部经济为龙头、高端商务为主导、国际金融和信息咨询产业集群为支撑的人文生态基地。

2.1.1 规划范围划定

基于武昌滨江核心区的独特定位，规划团队对区域规划范围进行了重新调整，在上轮实施性规划的基础上，将商务核心区范围适度北移。此举首先是基于实际建设项目的战略调整；其次，调整后的核心区沿江区域使长江两岸拥有更均衡、更稳定的中心区空间节奏，大体处于长江对岸汉正街与二七沿江商务区的垂直中心位置；再次，规划团队在研究武昌区的垂江交通体系后发现，秦园路等级高、功能性强，是作为商务核心轴的合理选择；最后，武昌滨江核心区研究范围确定为友谊大道、武车路、四美塘路、才华街、武昌滨江所围合的区域，规划用地面积约 419.04hm²。规划范围为和平大道、徐东大街、武车二路、武昌滨江所围合区域，规划用地面积约 138.64hm²。

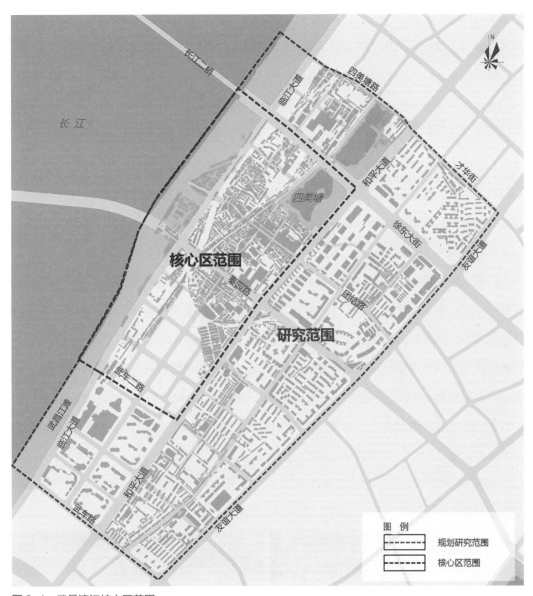

图 2-1　武昌滨江核心区范围

2.1.2　昔日的武昌车辆厂

回溯到 2011 年，要说武昌哪里最有老武汉的味道，非武昌车辆厂所在的徐家棚区域莫属，下楼 3 分钟就是菜场，出门就能"过早"和宵夜，生活相当便利，要说这一切从何而来，离不开昔日的武昌车辆厂。

　　武昌车辆厂始建于 1946 年 8 月，厂区占地面积 90.6 万 m²，曾拥有员工六千余人，仅工程技术人员就有 626 人。该厂是当时全国唯一的铁路冷藏运输装备开发研制基地。工厂设计制造过 11 个系列 67 个品种的车辆产品，其中单节机械冷藏车、守车、平车、棚车等远渡重洋，远销欧、亚、非各国，PJ 家畜车系列产品往返于中国香港与内地之间。通过"七五""八五"技术改造、引进技术，该厂随后制造出了 B23 五节式机械冷藏车、BSY 型冷板冷藏车。B23 型机械冷藏车组曾荣获 1995 年度国家级新产品称号，1996 年经原铁道部部级鉴定，其车组性能达到 20 世纪 80 年代末国际先进水平；而 BSY 型冷板冷藏车经原铁道部鉴定，属国内首创。曾经辉煌的武昌车辆厂对面形成了强大的社区，职工医院、子弟学校、粮店、菜场、商店、邮局、球场、俱乐部等一应俱全。

　　后来，随着国内公路网络的迅速建成完善，高速公路的快速建设发展，集装车辆更加灵活的运输，主要生产"冷藏车"的武昌车辆厂的铁路冷藏车厢逐渐失去了市场，落后的设备和技术、沉重的人员包袱使武昌车辆厂往日的辉煌日益淡化。2007 年，武昌车辆厂被并入中国南车股份有限公司旗下的最大货车研发、制造、销售与服务的企业——南车长江车辆有限公司。南车长江车辆有限公司是在原株洲车辆厂、武汉江岸车辆厂、铜陵车辆厂、

图 2-2　武昌车辆厂（2015 年）

图 2-3　武昌车辆厂沿线社区（2015 年）

武昌车辆厂和戚墅堰机车车辆厂（货车部分）整合基础上新组建成的。南车长江车辆有限公司武汉分部是对原武昌车辆厂和武汉江岸车辆厂重组整合、整体搬迁改造后新建成的一个生产基地，分部位于湖北省武汉市江夏经济开发区大桥新区。从此，武昌车辆厂从武昌三层楼和徐家棚之间的原址迁至江夏区。

2.1.3 集中成片的可改造用地

2008年10月24日武昌滨江商务区项目正式启动后，相关建设进展顺利，拆迁和招商引资紧锣密鼓推进。2012年万达中心投入使用，武汉绿地国际金融城等项目投入建设。

随着整个武昌车辆厂的搬迁，留下了集中成片的可改造用地，成为发展现代服务业的载体。在武昌滨江核心区划定的138.64hm²范围内，通过前期调研发现，武昌滨江核心区内主要地权单位有武汉市土地整理储备中心、武汉市城市投资集团有限公司、武汉市福星惠誉置业有限公司等，用地权属清晰，区域以工业厂房及棚户区为主，具备集中成片的可改造用地。

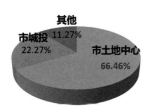

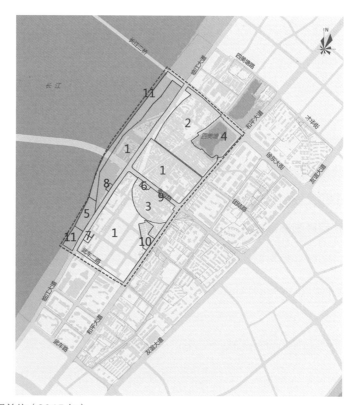

编号	权属单位	面积(hm²)
1	武汉市土地整理储备中心	66.46
2	武汉市城市投资集团有限公司	22.27
3	武汉福星惠誉置业有限公司	8.84
4	四美塘公园管理处	9.11
5	月亮湾客运站、轮渡码头	2.78
6	武汉基督教三自爱国运动委员会	0.37
7	中石化湖北分公司	0.32
8	武昌区建设局	0.22
9	武汉市三角集团股份有限公司	0.03
10	南车集团经济适用房项目	2.08
11	武昌滨江江滩	9.97

图2-4　武昌滨江核心区内主要权属单位（2015年）

图 2-5 武昌滨江核心区内集中成片的改造用地

2.1.4 得天独厚的自然资源

武汉，素有"江城"之称，同时有着"百湖之市"的美誉，长江、汉江交汇于市中心，长江境内流程 145km，汉江境内流程 62km；拥有 166 个湖泊、165 条河流、264 座水库，水域面积 2117km^2，占市域面积的近 1/4。近年来，武汉市委、市政府大力推进水生态文明建设，打造滨水生态绿城。目前，两江四岸区域的左右岸大道、城市阳台、江滩景观提升、沿江建筑立面整治、码头岸线整治、桥梁美化等工作已基本完成，滨江景观效果不断提升，塑造出武汉美丽的滨水岸线，市民亲水、乐水的幸福感和获得感不断提升。

武昌区拥有着包括长江、沙湖和东湖、洪山和蛇山等丰富的景观和自然资源。武昌滨江核心区坐拥长江这一得天独厚的自然资源，拥有绵延数公里的南北长江岸线及城市建筑

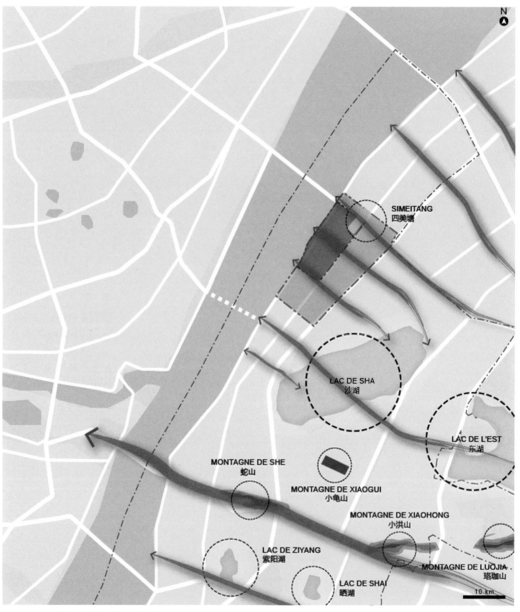

图2-6 区域开放空间体系规划图

物、江滩、码头、岸线相互协调的"滨江都市画廊"立体景观，形成洁净优美的长江核心
区景观带，还有身处闹市中却好似世外桃源的四美塘公园。虽然区域景观资源丰富，但仍
需要保护、巩固和整合地域生态结构，在各尺度上完善绿色、蓝色网络和生态廊道，增加
绿色空间面积和人均绿化面积，创造多样的自然空间。

2.1.5　璀璨的工业文脉

新中国成立后，在"一五"计划时期，国家在武汉先后布局了武钢、武重、青山热电厂、
武船、武锅等大批工业项目，它们在当时是新生产力，挺起了共和国脊梁，也奠定了武汉
工业重镇的地位。武昌滨江核心区特殊的城市肌理留下了很多历史印记，整个片区分布着
武昌北站月亮湾货场、武昌车辆厂厂区、武汉毛毯厂、湖北省储备局三三七处和武汉气体
压缩机厂等较为重要的工业遗产聚集区。

其中，武九铁路是滨江核心区的重要工业遗产之一。在中国的铁路版图上，纵贯南北
的铁路线中，京广铁路的历史地位和现实作用无可替代。立其中而牵两端的城市便是武汉。
1906年京汉铁路通车，将武汉送上了铁路时代。1918年粤汉铁路通车后，九省通衢的武汉"如
虎添翼"。武九铁路北环线的前身就是粤汉铁路。该铁路段从南至北经过武昌、沙湖、武昌北、
八大家4座车站，终点至青山楠姆庙，长约18.4km。武昌北站和月亮湾货场均为江边的货
运码头服务，是铁路运输到水路运输的转运码头。武昌北站主站建于20世纪60年代，房
屋顶呈锯齿状，与铁路线一起构成了具有代表性的工业遗产景观。

1979年，原武汉人造纤维厂（该厂于1966年筹建，1970年投产）改建为武汉毛纺织厂，
成立毛呢厂和毛毯厂等毛纺织工业企业，1979～1981年的3年间年产值、产量、利税成
倍增长，成为武汉纺织工业历史上的黄金时期。湖北储备局是国家战略物资在湖北储备的
管理机构，成立于1953年，先后更名为国家物资储备局中南分局、国家物资储备局湖北分
局、湖北省储备局、湖北省储备物资管理局，1995年11月改为现名（简称"湖北储备局"）。
在本规划范围内分布有职工宿舍3栋、仓库8栋。其宿舍办公区位于厂区用地中部，经过
开发建设现只剩下3栋宿舍楼；其北部和南部均为仓储区，目前北部仓储区已经进行了再
开发，仓库已拆除，南部仓储区东侧仓库已经拆除，开发为居住小区，目前南部仓储区只
剩下8栋仓库。

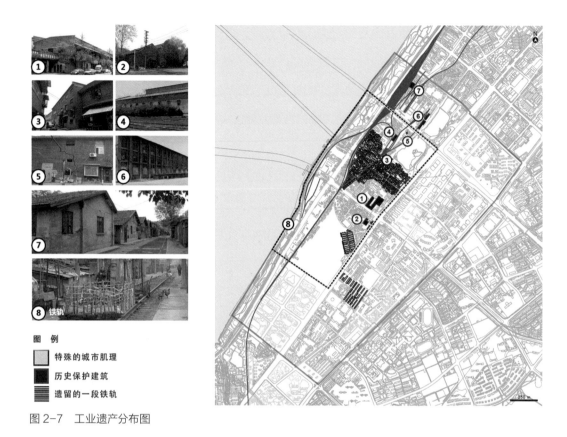

图 2-7 工业遗产分布图

2.1.6 锁定区域发展的七大关键因素

前期调研不仅是调查分析现状，提出存在的问题并开展有效预想方案也是调研工作不可忽视的组成部分。从一定层面来说，这加大了工作量，但也为后期的城市设计提供更有针对性的建议。

基于前期调研和以上各项资源梳理，规划团队认为武昌滨江核心区的成功关键因素有七个：第一是提高密集性，创造密集与混合的人居环境。集聚着人流、物流、资金流的滨江核心区，不仅集合了多种城市功能的综合化、立体化的建筑群，还应坚持"产城人"深度融合，不再单一追求某方面的要素集聚，而是推动高端商业商务、文化休闲、多元社交、生态宜居、智慧便捷等多种功能的混合开发，最大限度激发城市活力，最大程度服务于人的需求。第二是强调可达性，促进可持续和多样的出行方式。由于滨江核心区地处城市核心开发地段，交通情况复杂；同时，由于自身高密度的开发导致吸引的车流量和人流量巨大且相对集中，因此，应倡导以公共交通为导向引导区域内交通结构优化，满足可达性，实现绿色出行为主的多样化出行方式。第三是突出特征，突出自然资源和工业文脉的独特优势，保持自我不断转变，贡献城市发展的"新思想"，创新机制打造新城市。第四是发展多样性，建造一个多尺度的城市，不仅仅有宽阔的道路，还规划了多条小街区密路网、高品质混合业态创意街区，街区尺度控制在一两百米，各街区之间步行即可抵达，满足人们的基本生活需求。第五是加强活力性，用"高级"的方式去贴近人心，使城市的夜晚与白天一样活跃。第六是提供吸引性，在武昌创造一个新中心，一个更智慧的中央活力区，一座引领未来的新城。最后是保持可持续性，始终坚持保护资源与环境，建造人与自然和谐融合的人居环境。

七大关键因素

图 2-8　区域发展的七大关键因素

2.2 功能定位

江流贤胜，磅礴力量在此集聚。大成武昌，务实发展在此书写。

长江南岸，一座活力迸发的现代化魅力之城正在崛起。

长江南岸月亮湾畔，武汉新地标——武汉绿地中心直冲云霄，建成后将集聚一批世界500强和中国500强企业区域总部、研发中心、结算中心，拉动武昌滨江核心区建成集总部经济、金融商务、生态居住功能于一体的复合型商务区。

武昌曾是武汉工业中心之一。新中国成立后，武船、武锅、武重等一批"武字头"企业布局于此，工业塑造了武昌曾经的产业辉煌。

"十二五"期间，武昌区明确提出，腾出中心城区工业地块，大力发展总部经济，重点培育金融保险、文化创意、高新科技、商贸旅游，构建"1+4"产业格局，推进武昌滨江核心区、华中金融城、武昌古城"三区融合"和白沙新城、杨园新城"两翼齐飞"。

今天，武昌滨江核心区以总部经济为龙头，以高端商务为主导，以国际金融、信息咨询产业集群为支撑，以人文生态为基底，正在打造代表武汉总部经济聚集最高水平、具有国际影响力的总部商务区。

2.2.1 机遇与挑战

在规划前期的调研工作中，规划团队在摸清内外部竞争环境和竞争条件的态势下，通过全面的SWOT分析法，将与滨江核心区密切相关的各种主要内部优势、劣势和外部的机会、威胁等进行了列举，又将各种因素相互匹配起来加以分析，从中得出一系列相应的客观结论，为规划工作的进一步开展提供充分的依据和科学的方向。

在SWOT分析法中，"S"（strengths）是优势，"W"（weaknesses）是劣势，"O"

图 2-9　武昌滨江商务核心区规划效果

（opportunities）是机会，"T"（threats）是威胁——按照竞争战略的完整概念，战略应是一个项目"能够做的"（即组织的强项和弱项）和"可能做的"（即环境的机会和威胁）之间的有机组合。运用这种方法，可以对研究对象所处的情景进行全面、系统、准确的研究，从而根据研究结果制定相应的发展战略、计划以及对策等。

　　分析显示，武昌滨江核心区具有明显的区域优势。项目紧临长江，为武昌区景观资源最佳区域，且处于传统中南商圈和徐东商圈中间，距离楚河汉街不远，商业氛围聚集起步较快。同时，滨江核心区及周边住宅均为高档社区，可为滨江核心区的商业部分提供良好支持，地块内部产业、居住、配套的联动发展形势俱佳。在此基础上，滨江核心区的规划充分凸显了地域优势，放大区域的滨水景观效应，挖掘区域市场空白点，有效联动周边成熟商业板块，积极发挥各项资源形成滨水特色商业，并以高品质形象登场，吸引武昌及全市客群，利用好区域的内部资源及开发商的资源。

　　武昌滨江核心区的弱势主要在于，项目内部分地块已被出让给若干家开发商，地块分割不利于统一布局，整体开发定位难度加大。因此，规划首先对接已拿地的开发企业，引

代表武汉总部经济聚集最高水平，具有国际影响力的
区域性总部商务首善区

总部经济为龙头，**高端商务**为主导
国际金融、信息咨询产业集群为支撑
人文生态为基底

总部、商务　　　　　　　**金融、信息**　　　　　　**生态、人文、配套**

图 2-10　规划定位

导他们按照规划统一布局，尽可能进行改造和遗址利用，导入适合产业，配置适宜项目。

在机遇方面，武昌滨江区域住宅产品品质高、库存去化情况较好，市场认可度较高。楚河汉街中央文化区和绿地国际金融城项目均已成功启动，能保证项目开发时，周边配套及影响力已经具备。规划区域共规划三条轨道线（5号、7号、8号），其中轨道7号、8号线已建成，5号线在建，和平大道与秦园路交叉口为轨道交通三线枢纽站。

同时，影响区域发展的"威胁"因素同样存在。如周边的万达中央文化区商业办公规划的体量大、品质高，项目未来可能会面临同质竞争；项目未来定位很高，需要同板块内其他地块协同开发，共同营造环境；此外还有房地产宏观调控政策等。针对这些不利因素，规划团队认为，滨江核心区应充分利用区域优势资源，发展错位竞争，从业态组合、物业档次以及景观环境等方面打造个性化的商业环境，建议整体考虑区域规划及开发计划，减少内部竞争。

2.2.2 打造辐射中部的商务首善区

　　整体而言，如果将武昌放在庞大区域格局中来看，武昌滨江核心区所在的江南主片区正是对接武汉总部商务腹地的核心区域，是武汉对接中三角（长江中游城市群）的重要节点，武昌区作为长江南岸主体片区，是武汉参与区域竞争的重要战略载体。

　　在江南片区打造的商务区该当如何布局？思路曾经有待明晰。彼时，全市功能区竞争与合作关系已初现雏形，以中部制造业服务中心为定位的青山滨江商务区，以枢纽型高铁经济节点为定位的杨春湖商务区以及以高新产品交易、信息服务为定位的四新会展商务区等规划概念相继诞生。在核心区域定位和长远战略布局的综合考量下，经过反复的区域功能研究与论证，武昌滨江核心区的功能定位逐渐清晰明确——总部经济是现代企业发展的核心助推力，要将武昌滨江核心区打造为武汉总部经济聚集最高水平、具有国际影响力的区域性总部商务首善区。

总部办公
酒店公寓 　**60%~65%**

5A 级写字楼、独栋办公楼

商业服务 　**10%~15%**

主题精品购物中心、滨江特色商业街、创意休闲商业街

时尚生活 　**20%~30%**

滨水豪宅、高端住宅、还建住宅、配套服务

主题文化 　**1%~2%**

长江文化中心、城市阳台、工业文化遗址体验区

生态休闲

江滩主题文化公园、中心商务绿地、四美塘公园、绿地带状公园

图 2-11　功能业态配比示意

这一功能定位，使得武昌滨江核心区承载了武汉城市发展的核心功能，也形成了未来城市竞争力的关键，即以武昌滨江核心区为代表的总部经济功能发展硬核，将成为武汉经济升级的新动能。

这意味着，武昌滨江核心区将营造总部经济聚集地的资源优势，吸引企业将总部布局在该区域、将生产制造基地布局在具有比较优势的其他地区，使企业价值链与区域资源实现最优空间结合，从而对城市全局发展产生重要影响。一方面，企业将总部迁移到武昌滨江核心区，可以利用城市科技、人才、信息、市场等优势寻求快速发展；另一方面，武昌滨江核心区通过留下总部、吸引总部聚集带动服务业发展，为整座城市提供结构升级、产业转换的新动能。

由此，武昌滨江核心区形成了以总部经济为龙头、高端商务为主导，国际金融、信息咨询产业集群为支撑，人文生态为基底的功能定位，以功能先导为出发点的整体规划设计框架。通过市场分析、案例比较、强度控制及容量承载研究，规划中提出合理的建筑规模，总建筑规模预计在 307 万 m^2 以内。

在这 307 万 m^2 的范围内，规划通过进一步深入细化，明确了武昌滨江核心区内功能业态及配比：采用导入、计算、修正、分析各参考城市数据的国际同类案例比较法，整理武汉各产业基础数据，同时借鉴供需法、商圈饱和度法、居住面积配套法，进行内生性分析构成，最终形成了不同维度的各功能开发量建议，得出不同功能用地建筑规模。例如，以 5A 级写字楼及独栋办公楼为代表的办公用地建筑规模为 140 万～160 万 m^2，以精品购物中心、滨江特色商业街、创意休闲商业街为代表的商业服务用地建筑规模为 35 万～45 万 m^2，以滨水高端住宅、还建住宅、配套服务为代表的居住用地建筑规模为 74.5 万 m^2，酒店用地建筑规模为 35 万～45 万 m^2，主题文化区用地建筑规模为 3 万～5 万 m^2。

在滨江核心区规划之初，便进行了广泛而深入的商业策划工作，在滨江核心区的综合发展战略、空间布局调整、商业街区建设等多个领域形成了专业的调研报告。其中明确武昌区将形成创新中心、贸易中心、金融中心与高端制造中心并重的五项转型，包括打造绿色的城市、宜居的城市、包容的城市、高效的城市、活力的城市。以滨江核心区为核心的武汉南翼中心，将成为与汉口四区相当的中心地区，支撑与辐射武汉市江南的发展。

规划明确了滨江核心区的战略定位：辐射长江中游地区面向全国乃至世界，成为重要的增长级和城乡建设重要支撑的总部集聚区。使其成为产业集聚、市场完善、信息通畅、功能齐全、环境优美的华中地区国际化的总部创新区，使其成为国际大型企业总部聚集的新地标，为武昌打造一张国际总部基地新名片。

这张名片承载着区域未来的发展方向与愿景：它将成为大型企业总部集聚的形象地标，以庞大的生态链带来投资、就业岗位以及更前沿的视野和先进的业务模块；它将成为生态低碳商务总部的示范标杆，对区域内的可再生能源和建筑技术提出低碳指导和控制指标；它将成为武汉产业结构升级的展示平台，实现经济增长方式的转变与经济发展模式的转轨；它将成为武昌新兴市级商圈的城市名片，通过独特的商业形态营造属于自己的繁荣空间；它将成为创意互融的金融服务创新基地，提供不受时间、空间限制的顶级金融服务；它将成为功能齐备、魅力四射的时尚新城，充满朝气勃发的希望与机遇。

以强大的总部商务及配套服务为其核心竞争力，以独特的自然风光和人文景观使其充满人文魅力，武昌滨江核心区将成为武汉市商务区的一颗明珠，成为武昌新都市生活圈的典范。

图 2-12　总体鸟瞰图

2.2.3 独具战略眼光的产业功能配比

随着武汉经济和城市快速发展,加上商品房限购政策的实施,武汉写字楼市场迎来发展高峰,自 2010 年以来,武汉市写字楼、办公楼、商务公寓、公寓式酒店和研发 SOHO 等商务办公产品供应呈现井喷之势。

按照商业策划分析,在限购及住宅价格高企的政策背景下,LOFT、SOHO 等市场接受度较高的办公公寓产品及小户型办公产品将继续受到投资者和部分刚需群体的追捧。武汉建设大道、光谷、中南中北路、徐东等传统商务区甲级写字楼市场将进入平台期,增长趋缓。而新商务区写字楼尤其是甲级写字楼市场将进入快速增长期。例如,武昌滨江核心区、二七滨江商务区等新兴商务区都进入或即将进入快速发展和增长时期。武汉绿地中心、武汉中心、武汉世贸中心、泛海城市广场等项目则持续推高武汉高端写字楼市场和新商务区发展。

随着武汉城市投资环境日趋优化,商业地产势头强劲,投资热情不减,武昌滨江核心区、华中金融城、二七滨江商务区、王家墩 CBD、硚口商务区、汉阳及沌口商务区等新商务区大量办公产品涌入,商务区周边板块甲级写字楼未来供应量将持续攀升,供应量大,供应标准高,寻求差异化、多样化、定制化供应是突破口。

近年来,以王家墩 CBD、建设大道和武汉中央文化区为代表的商务写字楼集群持续热销,这不仅提高了商务写字楼在供应中的比重,良好的库存去化也大幅度提高了其在成交量中的比重。高端定位和高价格也继续带动写字楼成交均价持续上涨。

历年数据中,相较于其他行政区,武昌区写字楼新增面积多次占全市总新增面积榜首。近些年,武昌片区徐东大街沿线、中北路沿线的商务写字楼快速崛起,形成多个新的商务写字楼集群,推动了武汉写字楼市场格局调整。

武汉甲级办公物业连续的供应以及武汉强劲的市场需求带动租金的稳步上扬。至 2020年 1 月,全球最大的房地产投资管理公司之一——仲量联行在武汉发布报告称,当年武汉全市新增优质写字楼预计超过 170 万 m^2,迎来历史最高峰值。武汉甲级办公楼新增供应同比放缓,叠加金融和科技新媒体行业的强劲需求,武汉甲级办公楼空置率同比回落至30.7%,创下近 3 年以来最低水平,市场需求相对旺盛,一定程度上反映了城市经济的巨大活力。与此同时,由于武汉第三产业快速发展,金融、房地产、专业服务行业有望继续发力,科技新媒体行业将在经济转型升级的过程中继续展现出活跃的租赁需求，为武汉办公楼市场增添活力。

商业策划进一步明确了滨江核心区中不同产业集群的功能配比，将大型企业总部、民营股份总部、科技孵化类总部、跨国企业独立的销售采购结算中心等机构作为武昌滨江核心区的支柱产业，要求其具备较大的产业规模、较为明显的比较优势、较高的产业关联效应以及较强的区域竞争能力；将投资基金、融资担保、金融混合、电子金融、中间业务作为商务区的主导产业，要求产业必须具备高收入弹性、高生产率，还应有高比较优势系数和高产业关联度；以现代专业服务业、行业服务业、商贸流通产业为支撑产业，作为保障主导产业、支柱产业发展和升级的基础；以旅游会务、文化创意作为配套服务，从而集聚人气、创造品牌、提高区域的知名度，带动其他产业发展。

武昌滨江核心区的布局原则为突出商务核心功能——加强商务区之间的功能互动，商务区之间便利的公共交通连接互动，完善商务配套（商业、居住、配套），以及提供便利的交通组织，使核心商业、商务功能与地铁有机联系，设置沿江绿色休闲步行廊道，鼓励多种业态混合开发等。同时强调营造 24 小时区域活力，以商业功能带动夜间消费，居住功能增加非工作时间活力，景观和资源价值利用最大化。

2.2.4　建设时序

发展初期，新的商务项目考虑进入功能相近的公共设施集中区或者紧邻发展；发展中期，商务设施布局宜充分依托功能格局，逐步提高功能强度和聚集水平；发展后期，商务项目在核心区外围寻求发展。

武昌滨江核心区地块开发时序遵循原则为：公共基础设施地块先行开发，公共绿地或滨河绿地等有利于提升片区整体品质与价值的地块优先开发；成熟地块优先开发，当前已经成熟地块或毗邻已建成区地块或动（拆）迁开发难度较小地块、开发条件与开发环境稳定的地铁，先行开发出让；核心地块优先开发，属于前期重点开发或建设项目、属于片区功能定位中重点核心地块先行开发出让；核心区域至边界区域循序递进，按照先核心地块、后边界地块顺序开发，有利于后续土地价值提升。

根据土地开发周期建议，预估武昌滨江核心区在 10 年内分三期实施完成区域开发建设。

　　首期制定开发策略，首要开发滨江沿线旅游文化产业，重点发展文化博览论坛、旅游会务，配套发展商业商贸。例如，积聚大型企业总部、金融及金融服务行业机构；发展新兴金融服务业（私募股权投资基金、创业风险投资基金及服务等），引进专业服务业机构等。

　　二期进程中，在大型企业总部逐步集聚、金融及专业服务业稳步发展的基础上，重点发展新兴产业和特色服务业，逐步整合旅游会务产业，发展与之配套的商业商贸、房地产业。

　　至三期时，企业总部集聚，现代金融及专业服务产业体系基本形成，各项监管健全、行业服务机构齐全、生态环境完善。

　　同时，武昌滨江核心区实施风险控制、持续发展，以可持续发展的策略对项目进行长期支撑与支持，即采取重点物业分类开发、环境开发、品牌开发的延续模式。物业分类开发是指分组团、分物业重点开发，以重点物业带动成片开发，物业开发契合市场状况等。环境开发包括考虑经济、土地、交通和环境因素的综合要求，地下空间的开发利用，增加交通到达的选择性以及有序的步行系统、合理的公共空间供给，提高各类活动的舒适性等。品牌开发则涵盖产业品牌和城市吸引力品牌互促：大型企业总部和金融及专业服务机构聚集，树立地理标志，通过环境、交通、文化氛围的综合建设，塑造城市吸引力，营造舒适工作和生活氛围，创造良好招商引资环境。

2.3　空间蓝图

武昌滨江核心区规划在延续城市肌理和地域文化的基础上，进行了恢弘的空间再造。

规划围绕两条重要轴线，搭建商务核心区空间骨架，形成了 20hm² 的新辟公园、广场与步行廊道。规划深入推敲建筑群体组合，形成以多层文化地标、450m 新地标塔楼及序列化的高层塔楼一同构筑的、具有可识别性的空间形态；规划还打造了总长约 3.4km 的"城市传导立体步廊"，与长江主轴城市阳台建设紧密对接，在月亮湾区域形成由生态景观、文化地标、市政设施构成的武汉新的文化标杆。

2.3.1　十字轴线搭建绿色空间骨架

为满足城市空间设计和工业文化遗址保护的需要，武昌滨江核心区沿区域主要开发轴进行了轴向延伸设计，不但确立了城市空间上的卓越价值，而且对轴线的强化本身也加强了区域的吸引力和凝聚力。

水是生命的起源，也是城市兴起发展的物质基础。城市滨水空间以独特的地理位置和生态环境，对城市布局、城市生态环境改善、居民怡人生活氛围的改造以及城市空间发展具有重要作用，也是实现城市和自然有机结合的关键纽带。考虑到滨江资源既能对商务活动升级聚集产生巨大积极作用，又能营造最具有活力的生活休闲要素，广阔水岸线和水体空间更为提高商务区空间环境品质提供了不可多得的自然条件。因此，滨江核心区按照"一核、两轴、一阳台、多节点"的系统布局进行架构。

"一核"是指打造一个总部商务集聚的 CBD 之心，把高度地标天际线建筑置于其中，打造新的地标城市天际线。

诸多企业竞相建设超高层建筑以向社会和同行展示其实力和地位。以高层建筑作为布

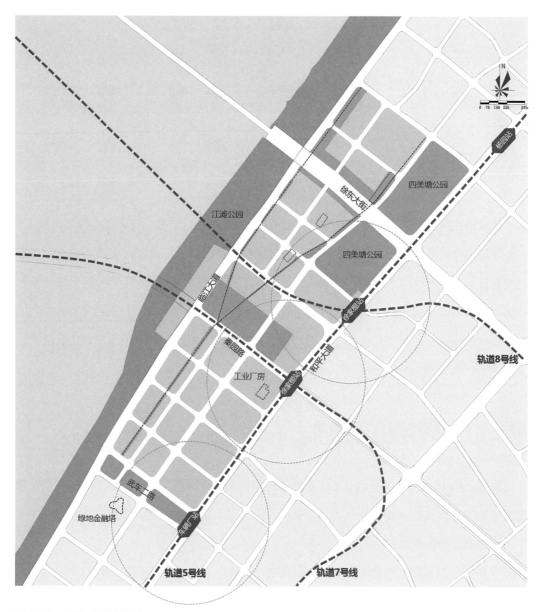

图 2-13 开放空间体系图

局核心，一方面能展现强大的城市经济实力、提升城市形象、提高商务办公效率；另一方面，也大大提升了土地这一不可再生资源的集约化利用水平，减少了市政公共设施的占地量和建设面积，预留了更多的绿化利用空间。

"两轴"则以文化休闲轴、垂江商务轴交汇组成。在保障总部经济功能发展核心功能

图 2-14　整体空间格局

的设计思想下，滨江核心区规划以宏大手笔，围绕垂江、顺江两条重要轴线，搭建商务核心区空间骨架。

不论是东方还是西方，无论希腊、罗马的古城，还是印度古城的星象方位都离不开"轴"，这是人类心理意向、礼仪等带来的建筑与城市设计上的"轴"。既是建筑轴，也是空间轴。

城市轴线的发展起源与城市设计的缘起密切相关，并且与人类的文化意识和审美观同步发展。

充分利用城市轴线这一经典设计手法，武昌滨江核心区打造以文化和商业为脉络的总轴线，是伴随着世界经济全球化而来的重要设计思想的体现。

平行于长江方向，以铁路遗址公园、武汉绿地中心为标志性建筑的"文化休闲轴"被赋予新的城市功能和生命。

"文化休闲轴"一端的铁路遗址公园，将记录下武汉铁路百年历程。自1889年湖广总督张之洞提出修筑芦汉铁路起，武汉铁路工程历经一个世纪的发展，滨江核心区——杨园片区与铁轨交织绵延的区域，属昔日粤汉铁路线，是南北交通大动脉的重要历史见证。无论从纵向的历史还是从横向的空间来看，都有着城市肌理独特的鲜活气息。

垂直于长江方向，基于已有的80m宽绿地垂江廊道，在商务区整体北移的大格局下，以月亮湾城市阳台、CBD之心、历史建筑活化节点为延伸，形成了新的"垂江商务轴"，

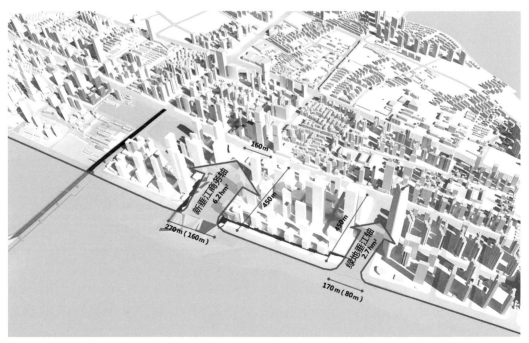

图2-15 垂江轴线

形成规模约 6.2hm² 的城市中央客厅，将江滩公园和长江引入。

按规划，"垂江商务轴"上将伫立一座 450m 高的地标塔楼，这一新地标建筑将充分诠释滨江核心区的活力，展现面向未来的活力与生机。按照经济全球化要求"最经济原则"，即从成本最小化、利益最大化的角度出发，此类地标塔楼已经不是单纯的建筑物，同时因具有较大的规模而形成一个新的经济平台，能给城市经济发展带来诸多外溢效应，如税收供应效应、产业聚集效应、产业关联效应、消费带动效应等明显的外溢效应。规划过程中，设计团队为塔楼的外观造型提供了四种建筑方案和理念，分别以"集合"凝聚发展合力、"龙旋"迎来腾飞时代、"火焰"点燃热情激昂、"叶片"展示壮美建筑的蓬勃生气。

武九铁路在月亮湾节点处横穿"垂江商务轴"，借此契机，一条狭长的线状区域在此展开成面。通过立体城市空间设计，使慢行系统上跨临江大道，同时整合月亮湾城市阳台设计，将周边建筑、公共平台以及月亮湾城市阳台融合成有机整体。

"一阳台"则是指由英国扎哈·哈迪德建筑师事务所设计的月亮湾城市阳台。通过分层立体平台联动建筑、景观与慢行系统，让建筑"会呼吸"、让景观"会流动"，营造人与江的对话空间。设计基于珍珠贝的概念中与水之间密不可分的共生关系，从形式上提取珍珠与珠贝自然、圆润、流动的形式特点，以珠贝为"场"（景观平台）、珍珠为"物"（各组团中的建筑物），与长江水岸之间形成一种和谐融洽的关系。月亮湾城市阳台还将打造卓越景观群。其中，滨江生态文化公园将地面抬升，重新连接被打断的滨江水岸与中央公园之间的景观，使其成为连续整体的景观组团，承载城市生活的文化艺术功能与生态功能，并为城市功能的提升提供空间；滨江堤岸休闲景观带则将成为高质量的运动、休闲、亲水的公共活动空间；同时，设计文化艺术区、体育休闲区、配套服务区，"一园一带三区"的系统设计实现了观赏性和功能性的完美结合。月亮湾城市阳台作为武汉市拥有天然地域优势的城市开放空间，将成为长江主轴发展的重要成果展示区、世界级城市滨水空间典范。

另外，规划还在总部商务、商业服务、酒店住宅、特色主题文化等不同片区内打造多个功能节点，与滨江核心区的其他架构结合成一个完整的有机整体。

图2-16 扎哈·哈迪德建筑师事务所设计的月亮湾城市阳台方案效果

2.3.2 以开放空间体系建立区域联系

当前城镇化与机动化面临交通拥堵、出行距离长、城市无序蔓延等带来了自然环境被挤占和污染等问题。绿色慢行空间因其改善交通拥堵、环境污染、资源消耗等优势成为实现城市绿色发展的有效途径之一。

正如著名学者简·雅各布斯在《美国大城市的死与生》中写道的："街道和人行道，在丰富城市公共生活中应具备保障市民安全、方便日常交往和孩子通行三项功能。"

建立连续、网络化的绿色慢行空间，将为公众提供更多的路径选择。良好的道路绿化环境和街道风景能吸引居民选择绿色出行方式；与机动交通结合的绿色慢行空间能够降低车行需求，改变"车本位"的发展现状；应用立体构造、节能技术所搭建的慢行空间将减少资源能耗、提高城市活力。城市绿色慢行空间的发展是规划认知层面的重要趋势，更是优化城市街区现状的必要途径。

　　武昌滨江核心区的规划亮点之一即是"绿色生态优先"的设计架构。这一规划思想响应近年来中央倡导的最新规划理念，体现出规划的前瞻性、科学性和连续性。

　　"绿色生态优先"是指在规划底图上先期营造绿色开放空间，在此基础上再进行建筑节点与交通道路的定位，由此营造慢行优先的开放街区，而非传统规划方法中先确定主体建筑，后在边角余料地段做绿化。在滨江核心区，将江滩公园、城市客厅公园、四美塘公园、

图 2-17　立体式步行廊道体系

武车二路垂江公园四大自然主题公园纳入规划，并以典型的城市街区概念为依据，为街区开发提供灵活的框架，提高行人的通达性。

在空间维度上，武昌滨江核心区强调以人为本，建立高、中、低多维度步行网络，以立体化、网络化、连续化特征，创建出一套城市核心区传导系统，串联整个商务区。

城市连廊系统也是滨江核心区内重要的空间架构。作为一种独立于地面街道且基面标高高于地面层基面的城市步行空间，它是城市新型立体交通系统的重要组成部分，同时这一系统也朝着多元化方向发展。

立体式连续步廊无缝衔接整个区域，与公共空间形成了相互渗透的关系：在 +5m、+10m 两个高度空间上串联轨道站点、江滩公园与商务核心区的重要建筑塔楼，同时兼具通勤和停驻观江功能。它结合建筑屋顶、公共建筑内部及过街连桥等多种空间进行布局，连廊最窄净宽不得低于 6m，并保证 24 小时对社会公众开放。

图 2-18　立体步行体系效果图

如何提升高密度城市的生活品质，是近年来城市更新面对的主要问题之一。在用地极度紧张的情况下，空中步行系统在城市地面街道网外另形成一套完整的人行交通体系。作为二维平面交通系统的补充，它大大促进了城市交通立体化，成为城市集约化发展的重要策略。它通过立体式的人车分离，能提高步行系统的安全性，更增加慢行交通的空间层次性，实现步行活动的独立性和连续性，同时连接地块和建筑内部道路等要素，并和要素内部的道路一起构成回路，串联起各要素。

多条特色步道保证路线的流畅性和多样性，包括垂江、顺江街区步廊以及结合保留后的武九铁路现状铁轨打造的铁路文化步廊等。这一系列设计为公众提供进行慢行活动的开放性场所，为各类户外商业文化活动的开展提供必要条件。

综上所述，武昌滨江核心区的绿色慢行系统将最大限度地将轨道站点、武汉绿地中心塔楼及月亮湾城市阳台等重点区域有机地联系起来。疏朗有致的高楼和郁郁葱葱的街道为人们提供了轻松惬意的步行空间，与整个商务区融合在一起，让公众舒适、悠闲地走在绿草如茵、赏心悦目的生态公园中，信步往返于商务楼宇与开阔江畔。

2.3.3 展示雄心的"W"形天际线畅想

城市天际线即指从远方第一眼所看到的城市的轮廓形状。第一眼中的第一印象，往往是这座城市的色彩、规模和标志性建筑。譬如，自由女神像、东方明珠塔、悉尼歌剧院、香港会展中心，都是经典城市天际线的独家点缀。

城市天际线这一理念发源于西方城市的规划思想，城市若同人的肌肤，天际线则如同服饰包装。因而，城市天际线的定义中就格外地赋予了美学的最大化内涵，突出现代都市建筑群体的跃动韵律和美轮美奂。

武汉长江主轴具备形成优美天际线的条件，其中以武昌滨江区段为核心的长江南岸，是城市中央活动区内存量用地分布最集中、最能体现武汉江城特色的区域。武昌滨江核心区规划完善了城市地标体系，重点研究了长江南岸整体天际线的塑造，强化顺江与垂江叠合的、富有韵律的景观效应——垂江方向形成三个高度层次，保证天际线的纵深感和层次感；顺江方向，重点研究了滨江核心区"W"形天际线的构筑方案。

"W"形天际线取自"W.com"的设计思想，它承载并传达了武汉明日的价值与雄心，

图 2-19   建筑空间序列构成

展示了武汉与其他城市相连、充满活力、国际化、积极面向创造与革新的现代化都市形象。

这一概念中，"W"代表武昌滨江跌宕起伏的空间层次，"."代表武昌古城的停顿变奏，"com"代表白沙新城的创意无限。

在突出天际线的"W"形元素方面，规划也提出了两种不同的巧妙设想。

一是以现代化塔楼自身的造型高度和卓越品质，打造天际线中的标志"W"元素：借武汉绿地中心、滨江核心区 450m 高楼为"W"形的两个已知波峰点，以杨园设计之都规划方案中的智慧双塔或华电中心高楼作为"W"形的第三极，结合沿江片区层次不一的楼宇高差，勾勒出沿江"W"形态塔楼群组起伏曲线，同时强化夜景灯光设计，进一步凸显"W"形天际线夜景效果。

二是以建筑材质强化字母造型的方案，将字母线条以不同的建筑材质绘制在沿江建筑的外立面上，基于特定的观察点，令"W.com"产生令人惊艳和壮观的舞台幕布效果，成为滨江城市中最具有标志性的景象。

强化城市设计，注重把握建筑形态，加强对滨江天际线的规划设计，是提升城市品质、

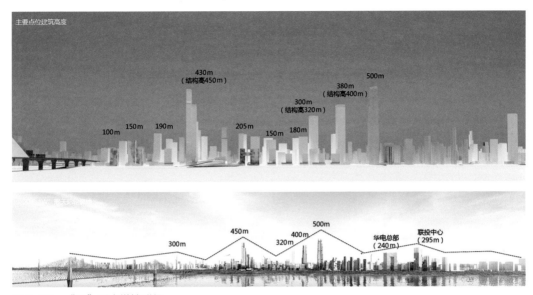

图 2-20 "W"形态塔楼群组

图 2-21 建筑材质

图 2-22 建筑外观造型

塑造城市风貌的重要途径。滨水天际线为人营造了开阔的亲水视野，形成了城水交融、错落有致、富有立体美感的景致。我们借此和山水对话、和历史对话、和人对话，将滨江核心区建设得更加壮丽多彩。

2.3.4 大气磅礴的城市客厅公园

每一个成功的商务区必定有一个吸引人的公园——这一处充满优雅、闲适、活力气氛的城市焦点空间，为现代城市建筑集群注入了充满绿意的盎然生机。

以滨江核心区城市客厅公园为代表的商务区公园，其存在有着先天的理论优势。首先，商务区往往积聚了片区内较高的建筑密度与交通流量，公园能够有效地缓冲、平衡周边大型建筑群形成的风、光、热源，成为商务区内自在呼吸的"绿肺"。其次，公园作为商务区中稀有的开敞空间，由于其特殊的地理位置和空间性质，能为游人带来开阔空旷的观景场所，环绕公园的高楼大厦将带来壮丽震撼的都市景观。另外，公园作为商务区内各建筑组团连接的枢纽，有着重要的组织交通和集散人流功能，同时也是商务区内防灾避险的首选场所。

　　为了在拔地而起的楼宇森林中创造一片宝贵的绿洲，规划团队坚持在滨江核心区划出约 6.2hm² 土地，在长江沿岸形成近 300m 宽的垂江廊道空间，使得城市客厅公园成为连接秦园路、长江、沙湖、东湖的重要轴线，更与月亮湾城市阳台遥相呼应。城市客厅公园不仅能满足公众渴望亲近自然的心理需求，丰富区域内的都市生活格调，更能通过对环境的改善带动周边土地价值的提升。

　　城市客厅公园的规划设计改变了建筑优先的传统用地规划模式，建立了"建筑与绿地优化组合"的规划原则。历史证明，从城市的长远发展来看，可持续发展的实现都是建立在经济和环境共同发展的基础上。因此，规划团队在滨江核心区的规划之初便确定了公共绿地应占有较大比例，明确了优先发展能发挥巨大生态功能、美学效应的集中绿地。

　　城市中最重要和最活跃的元素就是"人"，一切规划设计的更新和转变都不能脱离"人"的因素。人们通过相互交往而产生的情感连接构成了富有生气的城市空间，而单调枯燥的体验则使街区失去活力。城市客厅公园的规划确定了人的主体地位和人与环境的双向互动关系，强调把对使用者的关怀具体体现到空间环境的创造中，采用了从城市到长江、从都市空间过渡到自然空间的巧妙设计，使得游览过程充满愉悦性和观赏性。

图 2-23　城市客厅公园

　　公园中不同的活动需要不同性质的空间来承载。一般而言，城市客厅公园服务人群以商务办公人群为主，同时还有观光游览和附近居住人群，其活动类型以比较随意的游憩活动为主，如散步、闲坐、观赏等，同时兼有运动、公共活动等。在滨江核心区城市客厅公园的设计中，运动场地、休闲草坪等功能齐备；密林、湿地、竹林、喷泉、绿色小丘等景观错落有致，广场、步行道、贯穿步道等穿插其中。

　　作为塑造滨江核心区形象、美化区域环境的重要景观，武昌滨江核心区城市客厅公园以其杰出的设计思想和环境质量，代表着展示武汉城市文化、社会生活和精神风貌的精致场所，在一定程度上体现了生态文明建设的进展和文化发展品位，体现出地区园林艺术和设计的优越水平。

2.4 便捷交通

在历年的武汉航拍图中，涉及过江交通的部分，总是令人分外瞩目。一座座长江大桥犹如盘踞江上的腾龙骨架，居其两侧的汉口租界区和武昌滨江商务区则是最为丰满的血肉。

武昌滨江核心区有着天然的区位优势，如何在这样一块风水宝地作好交通市政的文章，是城市运转所需，也是城市设计关注的重点。已于 2018 年建成通车的武汉长江公铁隧道，在武昌一侧控制有三对交通疏解口，其中核心片区地下环路直接与三阳路隧道连通，构建快捷、灵活的交通接驳体系，实现地上、地下的立体交通体系。区域主、次干路（临江大道、和平大道、友谊大道、秦园路、徐东大街）已按规划基本形成，与跨江的汉口方向联系紧密。

2.4.1 立足大区域的交通需求预测

由于武昌滨江核心区规划代表武汉总部经济聚集最高水平，具有国际影响力的区域性总部商务首选区的高定位，可以预见，其建成后将成为武汉城市经济的重要支柱，也将不断发挥聚集和辐射作用，其内外交通的组织就是一个很重要的问题。所以规划团队认为，核心区立足大区域的交通需求预测十分必要。

纵观各城市商务区的开发建设数据不难看出，商务区区域内的开发强度高，建筑总量巨大；同时，功能以商务办公、金融为主，而居住用地相对较少。高强度的办公建筑开发使得区域内设有数量巨大的工作岗位，并导致区域通勤出行的总量很大；用地性质单一，导致进出区域的出行者出行目的和时间段也较为集中；居住用地较少，则表明工作出行的来源大多在商务区之外……种种特点决定了商务区的对内、对外交通需要极为便利、发达，商务区内外部通勤道路必然面临强大的交通压力，人流量、车流量相当大。

通过分析现有交通状况，规划团队发现，武昌滨江核心区南北向过境主要通过快速路

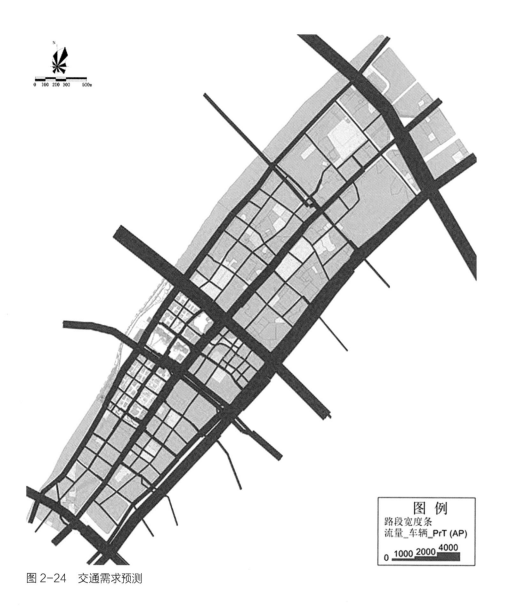

图 2-24　交通需求预测

友谊大道、主干路临江大道及若干次干路疏解，而东西向越江过境则主要通过武汉长江公铁隧道及长江二桥来疏解。根据滨江核心区出行高峰明显、出行方式多样、过境到发重叠等相关交通特点，结合国内外商务区的开发建设经验，规划团队总结了滨江核心区交通系统构成的特点，并提出优先发展公共交通，加大路网密度，形成道路分级，构建以建筑配建停车设施为主、公共停车设施为辅的停车系统，构建慢行交通系统的设计方案。

2.4.2 公共交通先行

城市公共交通具有集约高效、节能环保等优点，优先发展公共交通是缓解交通拥堵、转变城市交通发展方式、提升居民生活品质、提高政府基本公共服务水平的必然要求，是构建资源节约型、环境友好型社会的战略选择。

武昌滨江核心区在规划时共规划有三条轨道交通线路（5号、7号、8号线），其中轨道交通7号、8号线已建成，5号线在建。5号线从白沙洲穿过徐家棚到达青山，7号线则由东方马城过江到野芷湖站，8号线一期是三金潭到梨园。3条线路在此形成"工"字形交连。

作为武汉市江南地区最早建成的三线换乘地铁站，徐家棚站规模较大，大致可以分成3个部分：5号线车站沿和平大道方向设置，8号线车站设在和平大道与徐东路相交的地块内，7号线一期徐家棚站设于和平大道与秦园路交叉路口处，沿秦园路走向设置。2021年底轨道交通5号线开通，在徐家棚地铁站站内实现了5号、7号、8号线3条地铁线换乘。此外，徐家棚站综合配套项目将建有地上、地下停车场，地上建有高档商业区，转入地下就能乘坐地铁，满足居民购物、休闲、交通需求。3条地铁线全部通车之后，徐家棚区域的交通商业实现脱胎换骨的转变。

随着武汉市轨道交通的不断完善，市民的公共交通出行习惯发生了巨大变化，通过"轨道＋公交"换乘已成为人们最常选择的出行方式，公共交通"最后一公里"的衔接成为市民关心的重点问题。根据轨道交通站点步行时效性分析，规划团队发现轨道交通对滨江核心区的覆盖范围相对不足，尤其是10分钟覆盖范围，无法全面覆盖中部容积率高的区域。那么，提升地铁周边地块的价值，优化地铁站点之间的联系，促进多种交通方式的转换（地铁／公交车／水上交通）就是可以预见的加速剂。利用其他交通方式和"软性"交通进行补充，改善城市与河流的联系，能为当下的交通解决方案提供更多的思路。为此，规划团队提出增设接驳巴士、强化枢纽建设、增设环线和站点的解决方案。

通过交通评估分析，提出核心区域往北、往南及往东的公交线路数均应保证在11条以上，往西越江后，在本区域内设站的公交线路应保证在9条以上。规划在滨江核心区内布置3处公交枢纽，除了维持月亮湾码头公交首末站不变外，扩容和平大道公交首末站，新增1处四美塘公园公交首末站。此外，在区域内设置2条公交接驳环线，串联区域内枢纽、容积率高的区域及主要景观节点。例如，设置环线一路提升5号、8号线对内部覆盖范围，

图 2-25　公交首末站调整

串联轨道站与码头；设置环线二路提升 7 号线对内部覆盖范围，并串联轨道站与码头。环线车辆均采用新能源车型，双向发车，含上、下行共 4 条线路。同时，为进一步加大线网覆盖面，提升公交服务便捷性和精细化，规划沿和平大道布置 4 处公交中途站，公交中途站均为港湾站；规划沿中间次干路布置 4 处公交站点；临江大道由于地道开口较多，除三角路附近公交站点外，其余布置于相交道路上，保证站点 300m 半径覆盖率达到 100%（除江滩）。

2.4.3 小街区、密路网道路体系

改革开放以来，随着我国城镇化进程不断发展，城镇道路作为城镇化的引导和象征，一直走在各类市政基础设施前列，并呈现粗放式发展的特征。随着我国经济社会发展转型，城镇化进程步入新的阶段，以"宽马路、大街区"为特征的传统城市道路网规划也逐渐受到越来越多的批判。

2016 年，国务院发布《关于进一步加强城市规划建设管理工作的若干意见》，提出"树立'窄马路、密路网'的城市道路布局理念，建设快速路、主次干路和支路级配合理的道路网系统……到 2020 年，城市建成区平均路网密度提高到 $8km/km^2$，道路面积率达到 15%。"随着中央文件的倡导，"窄马路、密路网"这一理念在全国各地的城市规划和道路设计工作中得到迅速推广。放眼武汉，同时期规划的商务功能区均已启动了密路网建设工程，"小街区、密路网"模式正慢慢变为现实。那么，作为高起点规划建设的武昌滨江核心区，也将规划以构建"高效、便捷、绿色、可持续"的路网理念为基础，采用"小

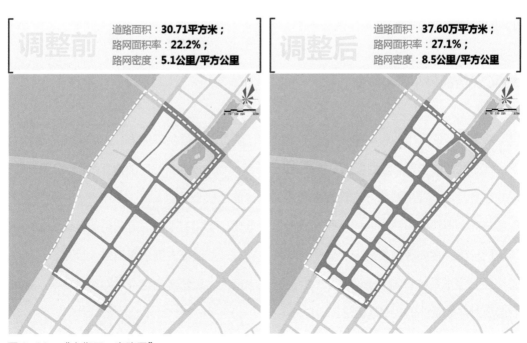

调整前　道路面积：**30.71平方米**；　路网面积率：**22.2%**；　路网密度：**5.1公里/平方公里**

调整后　道路面积：**37.60万平方米**；　路网面积率：**27.1%**；　路网密度：**8.5公里/平方公里**

图 2-26　"小街区、密路网"

街区、密路网"模式,打造"生态优美、交通和谐、居住宜人"的新城典范。

抛开繁杂的表象,规划团队认为,"小街区、密路网"的本源即是对规划设计"为车,还是为人"的思考。规划团队建立城市,目的就在于节约人均公共投入,以更少的交通出行获得更多的公共服务,并增加人与人的见面与交往,促进社会分工协作与创新。尽管滨江核心区长江两岸的交通联系已经完善,但在具体实施上还有一些问题。在规划团队看来,打通这个区域的"毛细血管",明确道路的功能,加大路网密度,形成道路分级,便能让这一区域的交通变得更加有序。武昌滨江核心区的路网系统规划由快速路(徐东大街)、主干路(和平大道、临江大道、秦园路)、次干路(徐家棚街、三角路、中部次干路)、支路(共8条)组成。优化后,核心区路网密度由 5.1km/km^2 调增至 8.5km/km^2,形成三级道路衔接、三线轨道交织的多元道路交通体系。

路网加密后,区域内共规划 40 个交叉口,其中主干路与支路相交为右进右出交叉口,设置右进右出交叉口 11 个,信号控制交叉口 29 个。规划团队对重要节点武汉二桥—和平大道节点交叉口取消信号控制,右进右出控制;左转车辆经四美塘公园周边道路右转后完成;纬二路、和平大道距武汉二桥接地点过近,右进右出控制,禁止沿和平大道北向南至纬二路右转转向。在交通设计阶段,出于对弱势群体安全的考虑,除了分配专用空间,规划还分配了专用时间,即利用信号控制策略分离行人、非机动车与机动车冲突点,达到保护弱势群体利益的目的。

2.4.4 灵活的停车供给策略

近年来,武汉市的机动车保有量不断增加,城市停车位供不应求、矛盾突出的现状对滨江核心区的停车系统规划提出了挑战。由于停车规划与滨江核心区的内部结构、用地形态、规划前景及对外交通联系方式都有着密切关联,滨江核心区的人流、车流量大,建筑拥挤程度较高,所以停车系统的使用效率显得尤为重要。要使有限的、可利用的停车资源发挥最大的价值,需要考虑使用者、管理者各方的利益,要使停车需求得到最大满足,区域动态交通受停车系统影响最小,停车者的出行效率最大,运营者的经济效益得到保障,因此有必要对停车系统的效率最优进行研究。

为满足武昌滨江核心区未来交通发展对停车位的需求,保证停车设施的提供与车辆的使用相对平衡，规划团队提出：提供静态交通设施保障，完善静态交通管理的策略，满足滨江核心区的机动车出行需求，实现区域静态交通与动态交通的平衡，促进滨江核心区和谐发展的交通系统规划总目标实现。根据不同地块的停车特性及需求，规划团队在空间上合理规划停车泊位，将停车位的供给作为控制和调节城区交通量的有效手段。鉴于滨江核心区是新开发的区域，在配建停车设施方面有较好的发展条件，因此规划团队对配建指标严格控制，避免未来供应不足导致拥堵；同时，由于滨江核心区较高的定位，规划团队规划采用20%的公共停车设施和80%的配建停车设施的结构，建议公共停车以路外停车为主，不设置路内停车。由此，构建以建筑配建停车设施为主、公共停车设施为辅的停车系统。

通过供需分析，规划团队发现，滨江核心区的停车需求量原本较大，但由于地处一环内，道路资源有限，如果采取不控制的停车供给策略，将对区域的道路交通产生较大的负面影响，不利于整个区域的良好发展。因此，本次规划，规划团队提出了供给优化的策略，将地块根据用地性质、所处的交通区位进行综合分析，将地块分为两类，即不限制地块和供给控制地块。对于开发强度适中、用地性质较均衡的地块，采用不限制的供应方式，尽可能满足车辆的停车需求，配建标准可较高，提供较好的服务；对于开发强度大、商办集中、人流车流量较大的地块，采用"停车需求管理"的方式，从供给上进行一定的约束，从而减少进入地块的车流，鼓励选择公共交通等其他出行方式，从而缓解容积率过高区域的道路交通压力。

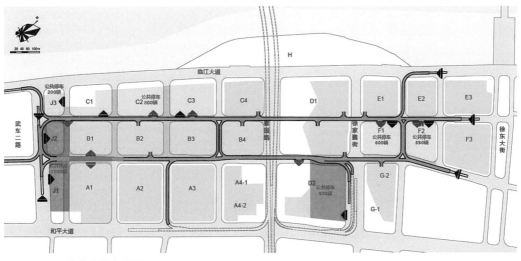

图 2-27　公共停车位布局图

一般而言，社会公共停车设施服务半径不宜超过200m，即步行5~7分钟，最大不宜超过500m。建造形式因地制宜，尽可能利用绿地、公园、体育场等公共设施的地下空间；公共停车场的建设应充分考虑地下空间资源的开发利用，尤其是广场、城市绿地等公共活动空间的利用，节约土地资源。在充分挖掘地下空间开发潜力的情况下，按不少于开发地块配建停车设施规模的14%进行核算，滨江核心区配套建设公共停车位不少于3750个，并结合公园绿地、中小学及开发强度相对较低，以及停车设施配建有富余的开发地块进行空间落位。

2.4.5 适宜慢行的商务核心区

慢行交通系统被认为是解决城市交通拥堵、实现低碳出行的重要手段。一方面，它隐含着生活理念向绿色、自然、健康回归的思潮；另一方面，四通八达的慢行系统，有助于市民感知城市，能进一步提高市民对城市的归属感和认同感。由于滨江核心区的定位和功能以公共交通和机动车交通为主，那么，当规划团队解决了外部通达的交通问题之后，如何在滨江核心区内部形成一个绿色的自循环体系呢？慢行交通在此占据了相当大的比例。

首先是建立自行车交通系统。作为解决"最后一公里"的绿色出行方式，自行车出行在滨江核心区内得到了充分的考虑。规划团队规划了自行车网络系统，增加了地块内非机动车通道断面，非机动车道与人行道设置在同一平面，采取软性隔离的方式将行人和非机动车从空间上分离，达到保障安全、资源共享的目的。除了在市政道路提供常规自行车空间，还在区域内部沿铁路线、地块内公共空间构建特色自行车休闲道，并沿江构建滨水特色自行车道。同时，结合公共交通枢纽布局4处自行车停车场；结合滨水绿地及自行车道，布局2处自行车停车场；结合自行车休闲道布局3处自行车停车场。

其次，规划团队规划了南北向为主、东西向衔接的步行系统结构。自东向西，步行环境提升的步行交通系统。不仅规划了高架步道与办公楼直接衔接，南侧地块内两条纵向步行道；还增加了滨水绿道、铁路步行带、地块内绿道，如基于铁路的步行带和滨水绿道+中央公园的"一纵一横"步行网络。通过一套核心"城市传导系统"空中步廊串联起整个商务区。多条特色步道强调慢行优先，保证路线的流畅性和多样性，整体形成立体化、网络化、连续性的步行网络。打造垂江、顺江绿色网络，最大限度创立轨道站点、沿江公园、四美塘公园及月亮湾等重点区域的联系。这种方式为绿色核心区框架提供了一种可能性。郁郁葱葱的街道和公共空间为人们提供了惬意的步行空间，与整个区域融合在一起。慢行过街设施的设置依过街需求和道路条件而不同，交叉口、公交停靠站和大型住宅区出入口等节点都需要考虑设置慢行过街设施。另外，结合阈值，区域内将增设人行天桥 7 处。结合步行通勤主流向，将增设地下过街通道 1 处。由于立体过街设施极大地增加了行动不便

图 2-28　"城市传导系统"空中步廊

图 2-29　街区步廊

过街者的过街难度，所以规划团队进行了合理的无障碍设施设计。在人行天桥、人行地道设置坡道，以方便乘轮椅者通行。同时，在坡道和梯道设扶手，以辅助老年人等通行。

核心区内在 5m 和 10m 两个高度上由城市连廊串联起轨道站点、江滩公园与商务核心区的重要建筑塔楼，同时兼具通勤和停驻观赏江景的功能。城市连廊将 24 小时对社会公众开放，它可结合建筑屋顶、公共建筑内部及过街连桥等多种空间进行布局，连廊最窄净宽不得低于 6m。同时，还有 6 条垂江街区步廊，平均净宽不少于 8m；2 条顺江街区步廊，平均净宽不少于 10m；规划将对武九铁路搬迁后的现状铁轨进行保留，并结合铁轨打造集文化体验、休闲商业、健身娱乐等功能于一体的铁路文化步廊，净宽不少于 10m。

通过一系列慢行系统规划，规划团队旨在构建一个与城市功能相适应、与机动车发展相协调、与公共交通良好衔接的"安全、低耗、便捷、连续、舒适、优美"的出行环境，解决非机动车出行问题，引导市民低碳、安全出行，提高绿色出行比例，树立绿色出行理念的目的。

2.5　高效市政

武昌滨江核心区作为世界级滨水商务中心、金融产业聚集和金融总部基地的华中金融中心及现代艺术中心、人文旅游商业中心，规划提出了绿色市政基础设施的核心实施理念。

2.5.1　高效低碳市政基础设施建设理念

在全面调研了滨江核心区的基础设施现状情况后，规划团队发现前期的超前设计理念，保证了核心区域市政设施无须另行扩容便能承载规划的建设规模。在分析现在的城市基础设施存在的不足后，针对给水、排水、燃气、城市防洪、环境卫生及照明等基础设施建设，规划团队进行了进一步深化设计，率先开展了绿色市政基础设施技术指标的系统研究，提出了绿色市政基础设施的核心实施理念。

传统的市政基础设施，又称为"灰色基础设施"，是指"由道路、桥梁、铁路以及其他确保工业化经济正常运作所必需的公共设施所组成的网络"。在以往的市政工程建设中，这类灰色基础设施建设往往只考虑自身单一功能，造成了城市空间的极大浪费。面对我国用地面积紧张、城市密度高以及可持续发展要求，以"低碳城市""海绵城市"为代表的绿色市政建设理念应运而生。

所谓"绿色市政"，是指"推广低冲击开发模式，通过采用市政新技术，构建创新型、环保型、知识型的现代化绿色市政设施体系，实现低碳化布局和数字化管理，保障城市的安全运行"。绿色市政系统的建立基于"以更高效、优化、生态的系统实现节能减排"和"以资源和能源的循环再生重建自然化的生产模式"两个基本理念，是由交通、给排水、能源、环卫等市政设施组成的技术先进、适度超前的综合网络系统。绿色市政系统可以说是"低碳城市""海绵城市""环保城市"等城市建设目标实现的有效途径，通过建立由交通、给排水、能源、环卫等市政设施组成的绿色空间连线与空间节点从而最终实现城市的可持续发展。规划团队在研究了滨江核心区规划用地后，提出了"安全、高效、低碳、生态、智慧"的绿色市政基础设施的核心实施理念。

绿色市政基础设施技术指标体系的绿色属性核心指标包括"行业引领、功能提升、弹性韧性、集约低碳、循环节约、自然共生、价值创造、智慧服务"8个方面。通过综合设置、地下化和景观化等途径完善核心区市政系统网络，市政管网普及率达100%。倡导低影响开发模式，强调一体化综合规划和资源整合，完善和优化商务区综合管廊规划。

2.5.2 全专业与全覆盖

（1）智能供水系统

城市化的进一步发展和城市现代化发展离不开水资源，市政给排水工程的规划和设计关系到在城市生活的每一个人，只有将市政给排水工程的规划按照前瞻性的理念进行规划和设计，才能够完善城市给排水工程的可持续发展和利用。市政给排水工程规划的前期规划中比较重要的一个内容就是给水工程的规划和设计，给水工程的规划与设计不仅关系到城市用水安全性、及时性，还关系到给排水工程规划的整体施工效果。

滨江核心区规划了"智慧水务系统建设方案"，旨在建设智能供水系统。其具体体现在数据采集系统即SCADA系统的基础上，扩充和完善监测点，建立覆盖全区域的供水调度监测体系，并结合管网GIS、管网水力模型、供水调度管理等系统，形成智能供水调度管理信息平台，从而提升城市供水保障智能化管理水平。此外，在核心区地铁站、公园、公交站、城市开敞空间等公共空间推行终端直饮水系统，优水优用，彰显人性化形象。核心区以利用现状成熟用地为主，梳理区域地坪标高，不做大规模地形调整。经过场地和道路梳理，提出以现状道路为分界线，竖向分为4个区。在利用现状管网的基础上，沿和平大道、友谊大道敷设2条给水主干管。

（2）良性水文循环的新型雨水系统

市政工程给排水规划建设过程中，一个非常重要的环节就是排水系统的规划设计。市政排水工程规划是市政道路排水工程设计的重要依据。在雨水规划方面，武昌滨江核心区采用绿色与灰色并举、建设良性水文循环的新型雨水系统，以低影响开发系统、城市雨水管渠系统、超标雨水径流排放系统多种措施相结合的设计，实现雨水的"渗、滞、蓄、净、用、排"，从而打造自然积存、自然渗透、自然净化的"海绵城市"。

规划团队根据竖向规划和雨水排放主系统进行雨水分区，雨水共分 3 个区。雨水箱涵和主干管位于和平大道、友谊大道、秦园路，用于收集本区域雨水，分别排往沙湖、罗家港、董家明渠。此外，新建雨水管道满足规划区暴雨重现期要求。规划区其余支管接入规划区主干管。徐家棚雨水泵站保留，用于临江大道和滨江绿地的雨水收集。雨水设计参数采用武汉暴雨强度公式。设计重现期不低于 5 年，部分地区采用 10 年一遇。

（3）雨污分流的排水体制

滨江核心区整合供水、污水、雨水、水系等专项规划，全面实行雨污分流排水体系。通过分散的、小规模的源头控制机制和设计技术，达到对暴雨所产生的径流和污染的控制，

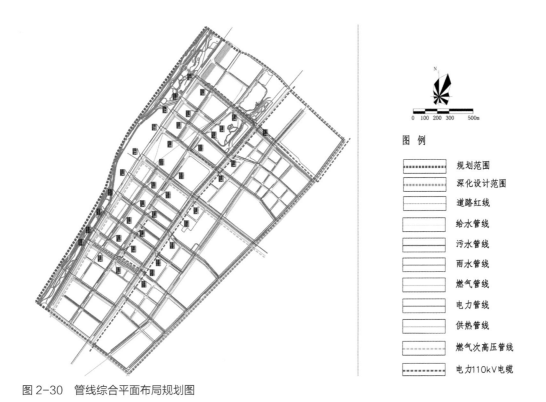

图 2-30　管线综合平面布局规划图

从而使开发区域尽量接近开发前的自然水文循环状态。

根据规划区竖向规划和主干管分布情况，以秦园路为分界线，规划污水区共分 3 个。污水主干管利用现状和平大道、友谊大道、秦园路主干管收集本区域污水。同时，利用现状管网满足规划区污水要求，规划区其余支管接入规划区主干管，污水收集率为 100%。规划污水处理厂及泵站采用智能化管理系统，实时收集和掌握污水系统的运行状况，并进行远程控制，使设施按照设定策略处于无人值守的最优工作状态，实现统一调度，优化运行；此外，核心区还采用局部分散方式建设再生水系统，低碳循环利用水资源节能降耗，践行"从处理到回用，从能源消耗到能源自给"的理念，并实现"可持续供水的理想闭路水循环"。

（4）以清洁能源为核心技术的供热系统

大城市 90% 以上的碳排放来自能源消耗。因此，武昌滨江核心区的低碳实践从能源使用入手，区域集中供能便是供能优化工程的核心内容。所谓区域集中供能，就是对一定区域内的建筑群，由一个或多个能源站集中制取冷水、热水或蒸汽等冷热媒，通过区域管网输配到各单体建筑内，为用户提供能源服务。

在供热方面，为减少蒸汽管道建设规模，武昌滨江核心区通过换能站将蒸汽转换为高温热水供应用户，规划以清洁能源为核心技术，分布式冷、热、电三联供能源系统，部分采取武昌热电厂集中供热。在滨江核心区供热规划方案中，首先规划高温热水管从热源厂向北分三路引向核心规划区，规划区范围外设置 1 座换能站。其次，规划区设置 1 座江水源能源站，滨江核心区由江水源能源站供热及供冷。其余地块采用电力传统能源或燃气锅炉、燃气空调等方式。

（5）微电网和低碳分布式能源并举的智能电网

相对于传统集中供电系统，区域集中供能有节能、高效、环保和安全等特点，近年来在世界范围内的应用日益广泛。

在电力规划方面，滨江核心区利用集中式太阳能、分布式屋顶光伏发电、风能、地热、江水源热泵等低碳分布式能源，打造微电网和低碳分布式能源并举发电的智能电网。在光伏利用方面具体来说，首先结合滨江绿地，公园设置若干兆瓦级集中式太阳能电站，所发电力供规划区使用。其次，在公共建筑商务楼宇屋顶安装分布式光伏系统，所发电力"自

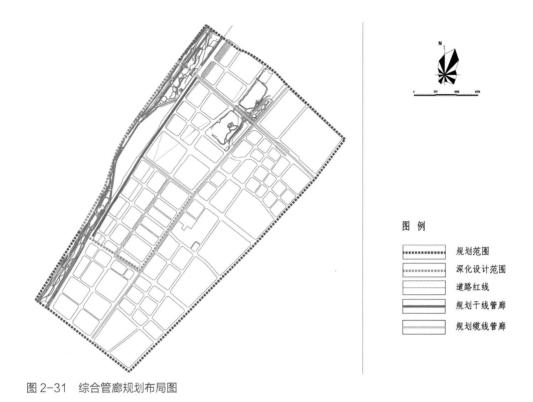

图 2-31　综合管廊规划布局图

图　例

规划范围
深化设计范围
道路红线
规划干线管廊
规划缆线管廊

用为主、余电上网"，对于重要标志性大楼考虑光伏一体化建筑设计。再次，对公交车站、路灯，使用"风光储"一体化设计。在风能利用方面则体现在，滨江核心区引入小型集成风力发电设备，满足城市道路、广场照明需求。

（6）一体化设计的地下综合管廊

地下综合管廊就是"城市市政地下管线综合体"，即在城市沿道路或管线走廊带建造一个隧道空间，将以往直埋的市政管线，如给水、雨水、污水、供热、电力、通信、燃气、工业等各种工程管线集中放入其中，并设有专门的检修口、吊装口和监测系统，实施统一规划、统一设计、统一建设和管理。可以说，它是城市地下管线之家，对满足民生基本需求和提高城市综合承载力发挥着重要作用。

武昌滨江核心区地下综合管廊及一体化设计，按照"生态、绿色、低碳、智慧"的设计理念，对电信电缆、给水输水、燃气输气、雨污水等工程管线等进行一体化设计，所有城市管线全部地下通行，打造城市坚实"基盘"。规划市政管线包括给水、雨水、污水、燃气、热力、电力共6套，地下综合管廊按照不同道路红线宽度分别布置，自地表向下依次为电力、热力、燃气、给水、雨水、污水。

"低碳化布局和数字化管理"，正体现在管线综合规划方面。武昌滨江核心区综合管廊方案根据《城市工程管线综合规划规范》GB 50289—2016，综合考虑城市规划用地布局、道路交通、管线、地质等影响因素，给出了"三纵三横"总体布局方案，拟建两处综合管廊，将给水、通信、电力、供热等管线并入单舱综合管廊，最终以右岸大道下部空间综合利用为核心，围绕市政公用管线布局，结合滨江核心区基础设施规划建设综合管廊，合理布局和优化配置入廊综合管线，实现管线的集中运营管理，使其成为国内一流、国际先进的综合管廊工程。

2.6　地下空间

根据联合国的预测，到 2050 年，将有约 70% 的总人口居住生活在城市区域内。目前这一数字已近 60%，全球正面临着有史以来最大的一波城市化浪潮。人口增加带来的环境污染、气候变化、交通拥堵、房价飙升等一系列问题，也迫使规划团队思考城市"向下生长"，去寻求更具成本效益的"新方向"。

土地空间是稀缺资源，如何以最高效的方式使用土地空间是至关重要的。伴随现代城市高速发展，在现代建筑工程技术和先进科技的加持下，从宽敞明亮的地铁到人声鼎沸的地下购物中心，现代地下建筑已经逐步被人类所接受，地下建筑也承担起缓和城市空间矛盾、改善生活环境的功能，也为人类开拓了新的生活领域。

2.6.1　地下空间开发的必要性

中国的城市地下空间开发利用较欧美等发达国家起步晚，但目前中国已成为名副其实的地下空间开发利用大国。据《中国城市地下空间发展蓝皮书（2019）》中的数据显示，"十三五"以来，中国新增地下空间建筑面积达到 8.44 亿 m^2。

武昌滨江核心区重要组成部分之一即是地下空间。此规划项目是以城市交通设施为依托，充分利用良好的地理位置，整合区内金融商务活动、商业资源、辅助服务，打造集交通基础设施、景观、商业、文化娱乐、商务、市政、仓储物流等功能于一体的地下城市综合体。

武昌滨江核心区地下空间的规划设计，是《武昌滨江商务核心区实施性城市设计》中的重要的专项成果之一。

重要性主要有三点。

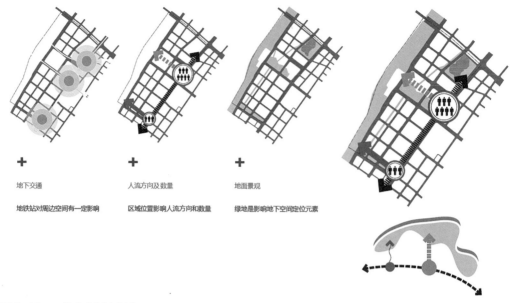

地下交通

地铁站对周边空间有一定影响

人流方向及数量

区域位置影响人流方向和数量

地面景观

绿地是影响地下空间定位元素

图 2-32 三维立体城市网络

首先,武昌滨江片区拥有珍贵的地段价值,地段价值体现在一方面可以往空中高密度"生长",另一方面也要尽可能往地下"生长",使片区要素充分聚集,达到提升片区价值与城市活力的目的。

其次,地面空间不可能无限制向上,否则会产生包括消防、限高等实际问题。地下空间在一定程度上起到的是辅助作用,它缓解了地面空间压力和地面交通压力,规划会尽可能把交通,尤其是静态交通布局在地下。

再次,地下空间并不是一个独立存在于地平线以下的"城市影子",而是一个与地面城市统一规划建设的"城市综合体"。规划团队希望武昌滨江核心区地下空间是一个成体系的"立体城市",如遇武汉夏、冬两季的极端天气,人们也不用承受日晒雨淋,相当一部分活动都可以在地下解决。

城市向三维空间发展,充分利用地下空间,是地上与地下空间协调发展的再开发,能扩大空间容量,使交通顺畅,消除人车混杂现象,地面环境更加优美开敞,购物与休闲、娱乐相融。这也是城市中心区域改造的现实途径之一。

2.6.2 地下空间开发规模与策略

基于地面城市设计方案，规划对可行性研究、总体布局方案、交通策略、开发规模以及综合管廊、消防建议等进行整合，通过地下空间开发控制原则，总体把控城市地下空间的开发实施，保障地下空间规划方案与地面城市设计、市政交通及地铁等多方案之间相互协调。

规划从设计之初便确定了"地上地下一体化"的概念，并且呼应了武昌滨江核心区的总体定位："华中地区最具吸引力的区域性总部集聚区"。

这里未来不仅是多样化专业金融服务中心的"金融核心区"，行业总部基地、酒店配套的"总部商务区"，也是对现有生态资源最大化利用的"生态休闲区"，文化资源产业化发展的"滨江文化区"，多种类型居住产品供应的"时尚生活区"，拥有购物中心、主题商业街等项目的"特色商业区"。

武昌滨江核心区地下空间的主题定位因此设定为多种功能复合的三维地下城市：集商业服务、文化娱乐、休闲餐饮等于一体的"活力复合型公共空间"，集轨道交通、地下环路、停车等于一体的"高效集约型地下通廊"，集管道共同沟、地下市政设施等于一体的"综合地下市政设施系统走廊"。

设计目标发展愿景为与地上空间规划相协调及功能补充，以人为中心的地下空间开发，安全、安心的地下空间使用。具体来看有三部分：一是强调城市公共交通的优势，并进行充分利用，减轻交通压力，提高环境质量，吸引人群的到来；二是通过地下空间，打造包容的"城市客厅"，补充地上功能，增强区域吸引力；三是通过下沉广场联系建筑与景观体系，保证地上与地下的复合化、共同化开发。

有了主题定位与设计目标后，需要确定具体武昌滨江核心区地下空间整体开发的规模，其中地价水平与轨道交通站点数量等都是影响测算的因素，通过综合测算后再对它进行细化。

地下空间规模的开发思路主要有两点。

第一，充分发挥轨道站点的带动作用。众所周知，轨道交通站点周边土地价值高，规划团队参考了国内外多项案例，根据相关经验得出结论，每个地铁站点带动的地下商业开发规模约 3 万 m²，武昌滨江片区有徐家棚、三角路 2 个轨道交通站点，因此预计轨道

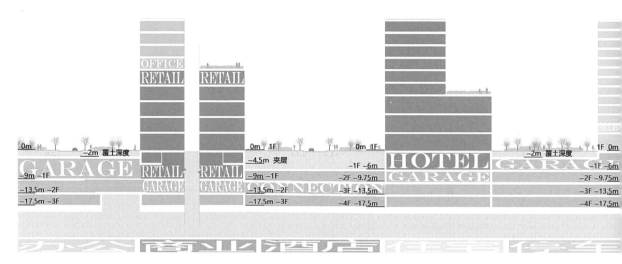

图 2-33 多功能复合的三维地下城市

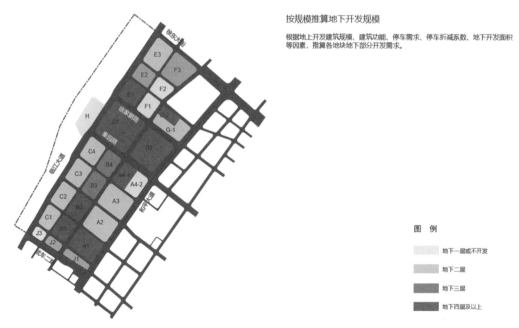

按规模推算地下开发规模

根据地上开发建筑规模、建筑功能、停车需求、停车折减系数、地下开发面积
等因素，推算各地块地下部分开发需求。

图 例

地下一层或不开发

地下二层

地下三层

地下四层及以上

图 2-34 地下空间开发规模推算

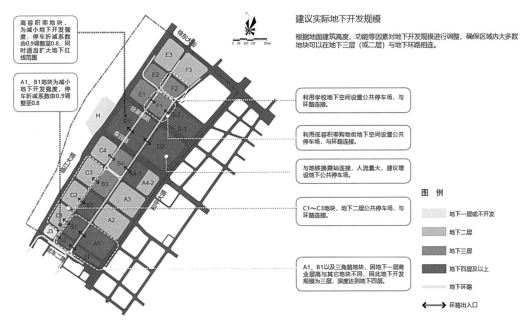

图 2-35　调整停车折减系数

交通站点周边公共地下商业开发量约为 6 万 m²,取 10% 波动值,推导出地下商业建筑面积。

第二,由地上推算出地下,确定地下商业规模是地面建筑总量的 30%。其中,针对开发商地块,根据停车配建比、地下停车比例、绿色出行折减系数等因素,对地下私人与公共停车空间开发规模进行测算。

在此规划团队具体做了两项工作,首先是进行了公共停车规模测算。据武汉市相关规定,普通住宅每 100m² 配备 0.8 个车位,然而武昌滨江核心区如果只有私人停车空间是难以想象的,所以在私人停车规模测算出以后,根据经验,规划团队把配建式停车位面积的 20% 分出,作地下公共停车空间。其次,新技术的出现为打造地下空间创造了条件,但并不是把这个空间建设得越大就越好,过大的停车供给可能越会吸引更多车辆来到片区,造成拥堵。所以必须按照人们的需求、区域的业态去规划地下空间和地面工程,规划团队提出高容积率地块,为减小地下开发强度,给予 0.8~0.9 的停车折减系数,同时适当扩展地下建设范围。最终得出地下停车位总开发量。

武昌滨江核心区规划秉承的设计原则是双轴地下空间与地上景观形成三维立体城市网络,遵从集约化与一体化,结合地铁站点和地下环路进行整体规划开发。

在地下空间规划中，首先应遵从"市政先行"原则，并以它为先决条件，与区域内相关的市政建设进行充分衔接，规划区内地下市政基础设施较多。

规划之初，规划区内有 2 条地铁线路在施工，分别为 7 号、8 号线。其中，8 号线一期工程于 2016 年底建成通车，7 号线于 2018 年底建成通车。地铁 5 号线彼时尚未开工，但已于 2021 年建成通车。位于地下的过江隧道已建成，与地下环路提前预留了连接口。武昌生态文化长廊及综合管廊也与规划同期进行设计与施工。

其次，要进行时序统筹。地下空间的开发时序与地上空间的开发时序相关，需提前统筹规划。建造顺序需要参考地面规划建设周期、地面房屋征收进展情况、周边设施建造状况、土地招商出让情况等统筹考虑。

再次，要注意灵活对接。由于地下空间性质与开发时序的差异，不同时序的地下空间开发，如公共与私人地下空间的对接主要可通过预留通道的方式实现。

基于上述考虑，武昌滨江核心区地下空间具体分为 3 期开发。一期开发包括综合管廊、地下环路、与环路连接未开发地块护壁桩等基础设施，与地下环路相邻地块的市政商业和私人商业，私人及公共地块与地下环路相连的地下停车设施。二期开发不与地下环廊连接地块的商业、私人停车与部分公共停车通过通道或预留接口和环廊连接的地下停车设施。三期开发四美塘公园基础设施，部分与环路连接的地块通过前期护壁桩与环路连接的地下商业，地下空间建设避开地铁通道影响范围的地下停车处。三期开发在时间上是分离的，但最终它们在空间上能做到完全衔接。

2.6.3 地下空间功能布局

城市中有计划地建造地下空间，在节省城市用地、降低建筑密度、改善城市交通、扩大绿地面积、减轻城市污染、提高城市生活质量等方面，都可以起到重要的作用。

高效的地下空间是从点到网的转变，重点将地下交通集散空间、地下公共空间和地铁车站等相互连通。武昌滨江核心区地下空间正是公共空间的复合与地下通廊的高效结合，主要强调了功能、交通、景观 3 个方面。

具体在分层功能布局中，地下 4 层每层导向各不相同。

地下一层强化的是轨道站点区域，这一层为整体连通式商业街，建在 -6m 的空间内，各地块商业功能之间采用步行通道进行连接，加强商业联系，有停车区域，部分商业与停车场之间也修建了步行通道。

这里值得一提的是"三维慢行系统"，分为地面、空中与地下。地面上打造的是区域内景观步道以及轨道步行带；在空中，"城市传导系统"连接四美塘公园、城市客厅、城市阳台、滨江商业区和望江平台；在地下延伸至地下一层，地下空间连接地铁站和周边地块，城市客厅部分则通过地块之间的通廊连接，实现地铁站和城市阳台的步行连接。

地下二层公共停车空间占比比较高。这层设置有地下环路，需要统筹分配调节地块停车空间，保证公共停车能够直接充分与地下环路衔接，外部车辆得以就近进入公共停车区域。

地下三、四层以私人停车为主，有一部分地下二层无法解决的公共停车问题，通过合理组织交通流线，使其得以便捷地使用。

对于同一开发商相邻地块的停车空间，规划提出可整体开发，以物理方式分隔，扩大地下空间的使用效率，节省用地。

关于"功能布局"的另一方面是希望能充分利用规划道路下方空间，使地下空间尽量成为一个整体。按照相关规定，道路下方是市政道路，一般会有地下管网等设施，不允许

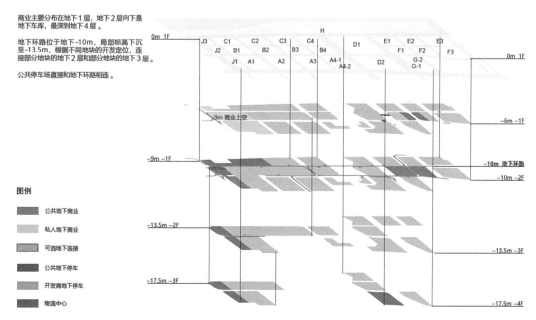

图 2-36　地下空间功能布局

商业使用。为了提升地下空间的使用效率，规划团队创新性地提出地下空间与经营性地块
地下空间一同出让的理念，把地下碎片空间能使用的部分进行拉通，形成一个通畅、整
体的地下空间。当然，这也是由小街区地块尺度的特殊性决定的，对于100m×100m、
150m×150m 的小地块，只有将地下空间整体连通才能最大限度使用它们，提高利用率。

2.6.4 地下交通系统

修建地下环路是必须的，相当于在武昌滨江核心区地下增加了一层车行路面，能够合
理引导区域机动车交通，可疏解一部分地面交通压力，释放地面空间给公共交通、人行及
非机动车，并解决地块出入口设置过多的问题。

武昌滨江核心区地下环路位于标高 −10.0m 处，局部下沉标高至 −13.5m，主线为单行道，
设计时速 20km/h。环路向上出地面 5 出 6 入，向下连接过江隧道 1 出 1 入，内部连接 16
个地块的地下车库。

理想情况下，地下空间应彼此连接成为一个整体的地下通行系统，经由地下空间可到

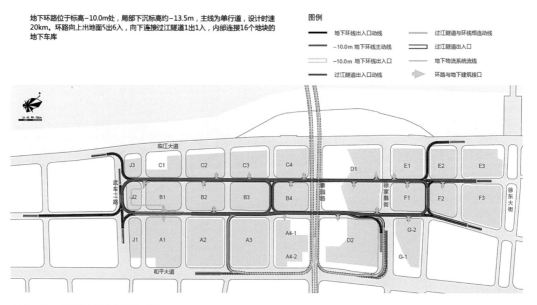

图 2-37　地下环路规划平面图

达交通设施、商业设施、地面以及附近建筑内部。也考虑弹性发展对已有规划的微调，需要采取更为灵活的办法，减少由于地下空间"再建设"对地上的影响和资金需求。设置一定的预留设施是弹性开发过程中较为灵活的方法。

再说地下环路的排风方式，原计划全部使用侧排风形式，但由于造价高及与周边地块联系问题，最终采用"顶排风 + 侧排风"结合形式，确保地下商业层高适宜，同时也降低了造价。顶排风即在地下环路上方设置环路通风道，侧排风是指在地下环路两侧与道路之间设置环路通风道、疏散楼梯、设备管井等。

地下交通系统另一个重点部分是公共停车。在具体的公共停车规划设计中，首先建立停车资源调节机制。在武昌滨江核心区内，严格控制路内停车位的供给、停车时间，提高车位的使用效率，促进路外公共停车设施的使用。改善公共交通、步行和自行车交通方式的服务环境，引导通勤交通方式的有效转移。在公共交通和自行车交通可达性较高的地区，不鼓励提供长时间的停车设施。

注意差别化的基本车位供应。保证住宅基本车位的总体供应水平达到"一车一位"的发展要求。办公、商业等公共建筑物的停车配建，根据不同分区调节基本车位和公共车位的配建比例，以及多元化公共停车设施建设模式。

使市政设施得到最大化利用。让地下公共停车场与环路直接连接，发挥市政设施的最大功效，解决路面交通拥堵问题。公共停车场与私人配建停车场通过统筹规划、分区设置、智能管理等措施，实现独立、全天候、安全的管理和使用。

建设停车换乘系统。优先发展公共交通，尤其是发展大容量、快速便捷的轨道交通。完善 P&R 停车场布局规划。建立基于 GPS 车载导航系统的停车诱导信息系统、基于 WEB 实时发布的停车设施使用状况实时查询发布系统、停车设施与公交轨道系统智能信息一体化管理系统。

同时，提高公共停车场的覆盖区域。提供足够数量的公共停车位，以满足大量公共建筑带来的临时访客机动车停车需求。在公共停车场布局中充分考虑服务半径，保证大部分区域在 5 分钟步行范围内可达，通过地下连廊、下沉广场、有顶步行桥的措施，提高公共停车场与私人地块之间步行通道的舒适性。

公共停车场选址几乎都在公共绿地下方或开发强度较低的地块内。滨江核心区内共规划 6 处公共停车场，均为地下停车场，所有公共停车场均与环路连接，同时结合建筑在地面设置车库出入口，以满足规范要求，且出入口尽量设置在次干路上。其中，三角路地块、D2 地块因邻近地铁站，主要布置 P+R 公共停车场。

2.6.5 重点区域深化设计与地下空间防灾

武昌滨江核心区地下空间有两大重点区域：三角路公园和"城市客厅"公园地下空间。前者位于滨江核心区边缘，周边集中了大量的办公设施，与之相邻的武汉绿地中心是整个区域的标志性建筑，与地铁 5 号线三角路站共同形成人流的汇聚点。

作为高密度办公区域内难得的公园绿地，三角路公园地下空间主要定位是为周边办公群体提供配套服务和休闲娱乐的功能，同时承担连接地铁人流与滨江观景走廊的功能。

以连接周边为设计目标，通过景观楼梯做向导，引导周边景观轴线和重点功能的延续，以南北贯穿的主轴连接形成景观和功能的"节点"。

在水平流线设计上，三角路公园地下空间主要通过地铁站和临江大道之间的垂江动线连接内部商业，与相邻的商业地块连接，使商业构成一个整体，同时通过地下通道与武汉绿地中心相连。

在竖向流线设计上，三角路公园地下空间是通过 3 个下沉广场的设置与地面公园连接，在临江大道一侧可通过垂直楼梯连接望江平台和"城市传导系统"。紧急逃生口可连接地面以及周边私人地块。

"城市客厅"公园地下的公共空间也是整个区域重要的公共区域之一。

地铁人流通过公共走廊可以到达不同的商业服务设施，并通过支线到达周边地块。也可以通过下沉广场可到达地面的景观公园以及几条贯穿的景观轴线，还可以到达位于二层的"城市传导系统"步道。使出行者从地下到地面或从地面到地下，几乎没有突兀感。

武昌滨江核心区地下空间是大型的多功能地下建筑，其内部功能复杂，这给建筑的防火设计同样带来了难度。

所以该项目采用了不同的消防策略以应对不同的情况，主要有 4 种消防形式：对于有条件的区域，采用直接逃向室外以及利用下沉广场进行消防疏散的形式；对于有设计难度的区域，将避难走道作为消防疏散的安全出口之一；适当借用相邻防火分区的疏散宽度，共用直接对外出口的疏散楼梯；随着周边地块的开发，可以利用周边地块消防出口解决消

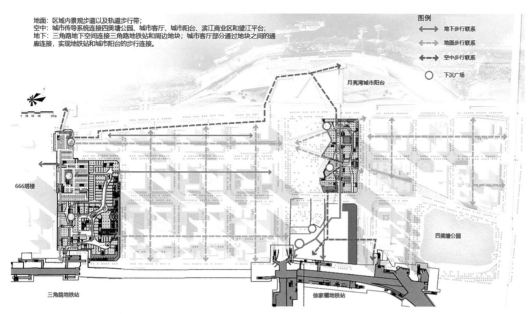

图 2-38　武昌滨江商务核心区的"城市传导系统"步道

防问题。

同时，地下空间还是人们应对极端灾难的庇护所。地下空间具有天然的绝缘性，在面临极端灾害时，甚至可以设置为气密性的，从而免受生化武器影响。对于飓风、冰雹等较大自然灾害，也具备天然"免疫性"。

根据《湖北省人民防空工程管理规定》第十七条规定："国家一类人民防空重点城市，按照地面总建筑面积 5% 的标准建设；……10 层以上民用建筑，其防空地下室面积不足地面首层面积的，按照地面首层面积修建人民防空地下室。"

武昌滨江核心区地下防护空间包括防护工程、普通地下空间、地下空间兼顾人民防空工程三大部分。

其中，防护工程深埋地下，是灾时人员和物资掩蔽的主体空间，结合地铁可作为灾时疏散救援干道。普通地下空间如地下综合体、地下停车场等，弥补防护工程数量和面积的不足。地下空间兼顾人民防空，结合交通与绿地，在防护工程和普通地下空间之间起到桥梁和纽带的作用。这三部分结合起来，能够形成一个相互连通的地下防护体系。

2.7 文脉延续

武汉是中国近现代工业的发祥地之一，内陆地区重要的老工业基地之一，也是近现代中国制造业的重要聚集地，洋务运动时期、民族工业发达时期、苏联援建中国时期、"三线建设"时期，武汉都留下了种类和数量丰富的工业遗产资源。随着光阴流转，这些工业项目"老"了，很多变成了工业遗产。这些工业遗产，不仅仅是城市"乡愁"、武汉人的童年记忆，它们同时也是城市道路的"足迹"。它们是物质遗产，更是精神遗产、文化遗

图 2-39 武昌车辆厂

产。在信息化突飞猛进的今天，大部分工业遗产在城市中的形态已经与武汉目前的布局相去甚远，远远不能满足现代城市功能的需要。这就需要在处理工业遗产时既要满足现行城市规划的要求，服务于当下；又要满足保护工业遗产的要求，延续城市文化。"新"与"旧"的矛盾直接考验着城市规划设计者的智慧。

2.7.1 散落南岸的工业遗珠

武汉长江和汉江交汇贯通，素有"两江四岸"之称，位于长江南岸的武昌沿江地区与昙华林历史文化街区相邻，又与历史名胜黄鹤楼相接，再加上其内部丰富的工业厂房及设备，使该地段更富有历史特征和文化内涵。

经过多轮规划，武昌沿江地区的用地已经进行了较大规模的开发。其中，友谊大道沿线开发强度已几近饱和，而南端积玉桥居住区也已经开发成形。通过对现状的初步调研，武昌沿江地区规划范围内现存的历史文化遗产以工业遗产为主，另外有数棵银

图 2-40　武汉重型机床厂

杏古树散落在杨园片区。

按照武汉近代工业发展的历史脉络，武汉近现代工业发展历程划分为近代工业产生与初步发展阶段（1861～1911年）、近代工业迅速发展阶段（1912～1937年）、近代工业发展滞缓时期（1938～1949年）、新中国成立初期社会主义工业全面建设时期（1950～1965年）、现代工业曲折前进时期（1966～1976年）、快速发展新时期（1977～2000年）6个重要发展阶段。

通过现场调研，武昌沿江地区规划范围内的工业遗产在近代工业发展中主要是第四阶段保存下来的工业遗存，也有第一阶段和第五阶段遗留下来的工业附属建筑。这些工业遗存分布相对集中，能够集中反映这片区域的历史风貌。

"一五"与"二五"时期，武汉被列为国家重点建设地区，受苏联规划思想和理论的影响，分别于1954年、1956年、1959年编制了三轮《武汉市城市总体规划》，远离市区布置了一大批大型工业项目，引导了城市空间的跳跃式发展。

1954年的武汉《城市总体规划》，选址建设了武钢、武锅、武船、武汉肉联等大型企业。武汉长江大桥的建立为该地区的发展提供了便利的交通。该时期，在规划范围内以资产合并和选址新建等方式先后建成了武昌车辆厂、武昌造船厂（分厂）、国棉一厂、国棉四厂、国棉六厂、武汉毛纺织厂等工厂。

据1956年"武汉工业区分布图"显示，当时的工业以纺织工业和机电制造工业为主，还有原料化学、建筑材料等工业。其中，余家头地带形成当时重要的工业组团之一。在此阶段建成并保存至今的工厂有武昌第一纱厂、武船机电设备有限公司、湖北省储备局三三七处、武昌车辆厂、武北货场和劲士纺织厂。

这些曾经在国民经济中扮演重要角色的工业遗存有过辉煌的历史，也是无数曾参与过那段建设时光的人们的永久记忆。这些曾经在城市边缘的工业遗存，随着武汉城市的扩张，它们的位置大部分已经成为城市中心地带，面临着角色的转变。

2.7.2 武昌滨江核心区工业遗存

武昌滨江核心区规划范围中北部，铁机路片以及围绕和平大道与徐东大街交汇区域的历史文化遗产较集中，主要包括和平大道北段武船工业聚集区、杨园片武昌工务段居住聚集区、长江二桥底四美塘片武昌机务段工业聚集区以及秦园路片工业聚集区 4 个区域。由于滨江核心区内既有工业建筑，又有武九铁路线贯穿其中，还有工业建筑聚集区和职工宿舍聚集区。所以，规划团队将规划区域内的工业遗产分为点、线、面 3 个方面进行实地勘察，并一一梳理和研究。

（1）工业遗产点

位于南四美塘西侧、武昌机务段范围内的"二战"日军马房，是抗日战争时期日军留下来的军用马房，建筑为平屋顶，红砖砌面，建筑墙体厚达 90cm，建筑质量良好。

位于北四美塘西侧的四美塘北仓库有两栋建筑，建筑西北有专供的铁路货运线路，是原武昌北站的储存仓库。这两栋建筑均为坡屋顶，建筑体量较大，质量一般。

位于南四美塘西侧、武昌机务段范围内的武昌机务段老办公楼，该建筑为 3 层建筑平屋顶，红色砖墙砌面，一层墙面有水泥抹灰装饰，建筑质量一般。

（2）工业设备

武昌沿江地区现存的铁路线主要为武九铁路的沿江干线、3 条铁路支线、1 处铁路工务段，以及部分工厂专用铁路运输线的部分遗留铁路线。

武九铁路自武昌站至九江市庐山站，全长 261km，规划区范围内总长度约为 14.23km，是国家路网"沿江通道"的重要组成部分，由北至南贯穿本规划范围，在长江二桥下面南北两侧形成了较大规模的铁路工务段和机务段。这片区域承担机车停靠、检修、装运的功能，是原武昌火车站的枢纽，在武昌北站靠近徐家棚码头形成了货场区和转运区。现状铁路目前仍在使用的有"武九"铁路干线、由机务段通向武北货场的铁路线，以及武昌工务段编组站的部分线路。其中，"武九"铁路干线使用频次较高，其他两段铁路线只在有特殊需求时使用。现状铁路线中除上述三段线路之外，其他部分铁路线已基本废弃或已被拆除。

（3）工业遗产聚集区

武汉气体压缩机厂建于 1967 年，是一家位于湖北省武汉市武昌区的组织机构，主要从事制造业、通用设备制造业与泵、阀门、压缩机及类似机械的制造以及气体压缩机械制造。武汉气体压缩机厂现有三栋厂房，其中有一栋三连跨建筑年代久远，为 20 世纪 60 年代建筑，

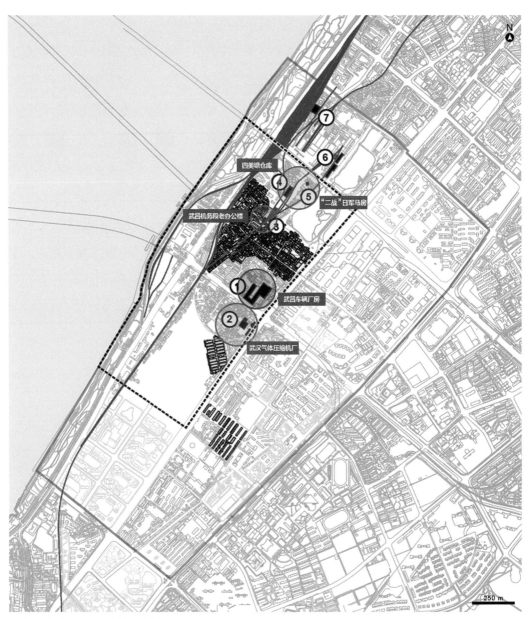

图 2-41 武昌滨江核心区工业遗存

图 2-42　"二战"日军马房遗址（2015 年）

图 2-43　四美塘北仓库（2015 年）

图 2-44　武昌机务段办公楼旧址（2015 年）

图 2-45　现存武九铁路（2015 年）

红砖砌筑，中间一个圆高拱，两侧各有一稍低的坡屋顶的厂房，建筑形态较有特点，墙体厚实，质量较好。

2.7.3　工业遗存的再造与新生

对于在工业文明发展过程中有重大历史意义和有代表性的工业遗产来说，最佳的对策是对其进行"保护"。而对于工业遗产的保护，目前我国尚未建立完善的保护规范以及健全的保护机制，一般都参照历史文化名城保护相关规范标准进行具体操作，但按照该规范操作会出现大部分工业遗产不能达到文物保护单位标准的问题，而在此情况下采用文物保护单位的保护标准进行保护势必会产生保护标准过高而使城市开发受限的问题。

显然，对于大部分缺少特色的非典型性的工业遗存来说，它们最佳的存在方式是发掘内在的空间价值、审美价值、教育价值等经济方面的价值，服务于当代城市发展。利用现代的绿色、环保、健康、智能等前沿建造科技手段，为市民提供高品质的生产、生活空间。不得不说，工业遗产的"保护"和"再利用"是两种截然不同的处理方式，"保护"更多是为了传承、展示、教育和研究；"再利用"则侧重于植入新的功能，谋求经济利益的最大化。强调"保护"则会对任何改变遗产现状并寻求经济价值的尝试予以排斥；强调"再利用"则会对遗产进行改造，或多或少会破坏遗产原真性和完整性。这二者之间在根本上是相互制约的，存在此消彼长的对立关系。

因此，在研究过程中，规划团队根据武昌滨江核心区规划范围内工业遗产的具体情况，主要采取符合地域特点的保护与利用措施。对于历史环境要素，则采取保护、维持、再现理念进行相关的保护工作。规划团队结合"城市客厅"及主要绿化空间，将武汉气体压缩机厂、武昌机务段老办公楼、四美塘仓库、第二次世界大战日军马房几处具有代表性的工业遗产建筑保留下来，采取建筑改造、功能激活等方式，重新焕发历史建筑活力。例如，针对武汉气体压缩机厂，规划保留了历史建筑原有立面，同时将一系列现代的"功能盒子"嫁接到老建筑中，后期可作为人流穿越和交汇的场地，引入咖啡厅、快速餐饮等商业功能，兼可作为小型文化活动的场所，使用者和游览者的流线被安置到这栋老厂房内。而武昌机务段老办公楼则将被作为未来的汉味美食村延续建筑的生命和区域的文化，这意味着它肩负着两个使命，即满足街区餐饮商业的功能，并且弘扬汉味餐饮文化。基于"二战"日军马房，这个满载历史记忆的建筑将用来为人们提供一个专注思考的空间。校园图书馆将落户其中，延续建筑的生命。此外，规划还保留了现存的铁路，将城市更新与历史记忆相结合，避免剧烈的空间、社会或特性的断层现象；且铁路线从南至北穿越商务区，组织串联起商务区特色城市空间。

在核心区北片，成片集中着老的小肌理街区，也集中着一种承载传统文化的生活模式。规划团队规划在此建立一个与商务区完全不同的尺度，使人们畅游至此，可以短暂离开高大的塔楼和大尺度的壮丽地平线，进入一个"世外桃源"。建筑及环境则将采用清水混凝土、红砖、锈红的铁板及少量的木材等质朴粗犷的材料。在建筑的尺度上，"城市村落"延续原有城市肌理的特征与形态。随着时间的流逝，老建筑的空间在不断地自我变化，尤其是

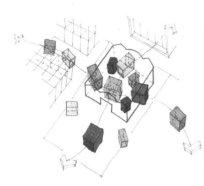 

图 2-46 工业遗存改造提升

高度上层层叠叠的加减。

同长江北岸的汉口江滩相比，位于长江南岸的武昌滨江核心区可以称得上是一块难得的"处女地"。未来，滨江核心区将被打造成武汉主城区新现代服务业集聚区和具有滨江特色的、标志性的多元化功能区，独具本土特色的月亮湾"城市阳台"、老工业遗产、"城市村落"、铁路遗址公园、铁路文化步廊、城市传导步廊等多元文化节点将整合串联，赋予老建筑新的功能，形成活跃、富有底蕴的文化空间体系。

第 3 章
实施之路

3.1 蓝图与实施

3.1.1 实施性规划的重要使命

从单一追求终极理想蓝图的空间性规划到以实施为前提的规划，将有利或制约实施的因素纳入规划中考量，与市场、制度相结合，最终确保规划项目能得以顺利实施落地。近年来，随着中国城市的高速发展，通过一代江城规划人的不懈探索，形成了一套行之有效的实施性规划编制经验。其中，武昌滨江商务核心区更是作为武汉市建设国家中心城市的重点功能区，完整地践行了实施性规划的卓越理念，成为行业领域所关注的"武汉样本"的又一颗璀璨明珠。

实施性规划的发端有着鲜明的时代背景。进入 21 世纪以来，城市人口与产业迎来井喷式的高速发展，这一全新的时代局面也给规划从业者带来了前所未有的挑战。过去惯用的总体规划、控制性详细规划并行的管控规划模式已经难以主动作为，更无法从根本上积极推动城市建设和城市面貌的全面革新。

自 2012 年起，江城规划者即对实施性规划的思路和策略进行了筹谋，形成了相对成熟的理论体系框架，至 2014 年，武汉市土地利用和城市空间规划研究中心以"实施性规划：探索与创新"为主题，发起"2014《规划师》·武汉论坛"，吸引了来自全国近 70 家规划设计单位和规划院校的近 200 名代表参加，意味着实施性规划体系的进一步建立与完备，全国各地也相继涌现了较好的实施性规划探索与案例。

以工程顺利实施为前提进行规划的动态考量，在经历反复的研判与权衡以及一系列理想与现实的博弈之后，最终保障项目按照规划纲领落地，这是实施性规划的核心属性。

实施性规划的成功，必然指向规划最终的落地实施，这也是规划价值最直观、最全面的展示。

市场和制度，是确保规划实施成功最为重要的两个要素。

市场要素是实施性规划落地的第一个层面，资金和实施主体是其关键。启动规划必须具备资金支持和明确的实施主体，在国家的宏观经济面的大环境下，无论是政府贷款、融资还是社会资金，均成为规划能否实施的先决条件。同时，必须有政府或企业来担当实施主体，将规划导向工程的落成。

在实施主体和资金保障具备的前提下，制度是另一个同样重要的因素，具体还有管理制度、资金制度、土地制度等因素。可以说，在规划实施的过程中，必然会面临各种实施的变动及影响，如地下车库、廊道、公益设施、市政基础设施等，如果在制度上不能形成统一基调和全盘协调，往往存在不同主体单位和职能部门各自为政的局面，规划实施的过程很可能得不到推进，更无法达到规划蓝图中的整体品质和形象要求。

如果说编制实施性规划是一种技术上的综合考量，那么规划的实施则是工程上的制度落地。从技术到工程层面的逐步递进，是实施性规划必然的发展走向。

在规划编制阶段，必须考虑其可实施性，否则理想楼阁难以经受现实的考验。规划过程中的多学科融合至关重要，城市、土地、产业、交通、生态等要素均被纳入全盘考虑，整合、协调、统筹所有相关专业的知识都被融合应用，诸如一些工程问题，溶洞与高层建筑、地下水与隧道等通常在实施阶段才面临的难题，也在实施性规划的编制中被充分考量。在很大程度上，规划学科的传统模式已被实施性规划这一广义规划概念所取代。

将实施性规划落地需要具备多重要素，如足够的空间、资金，明确的实施主体，政府部门的制度支持和管理引导等。而城市重点功能区则是践行这一全新开发模式的沃土。早在 2012 年，武汉市规划管理部门就提出了这一颇具远见卓识的开创性规划理念。

在大城市中，重点功能区往往是城市功能最集中、投资最密集、形象最鲜明的区域，重点功能区实施规划是为了提升城市功能、提高城市品质、满足城市阶段性发展需要，有目的、有计划地实施城市主要功能、整合城市优势资源、集聚城市各类建设要素的行动性综合规划。其中，武昌滨江核心区作为武汉市重点功能区实施性规划的经典代表作品之一，完整贯彻了这一颇具操作性的现代规划理念。

将管理部门与技术部门进行高效对接，进行整合、协调的同时承担土地管理和编制规划工作——武昌滨江核心区在规划伊始便积极搭建市区联动平台，由武汉市自然资源和规划局与武昌区政府形成工作专班，整合土地、产业、交通、生态相关资源；武汉市自然资源和规划局武昌分局与武汉市土地利用和城市空间规划研究中心形成合力，承担规划编制与审查、规划技术指导、建设项目审批等工作；另外，土地整备机构、各级职能部门、各类工程设计建筑机构、市场投资主体和业主均参与其中。这一创新平台的优势之处在于协调多方思路，统一思想，形成了功能区建设共识，从而避免在规划实施环节可能出现的"九龙治水"、各自为政、盲目逐利等低效运转局面。可以说，基于这一平台构建的规划体系本身已经具备了可实施的重要属性，为规划最终落地实施提供了强力保障。

武汉重点功能区实施性规划的开创性、优越性，在武昌滨江核心区规划中得以完整呈现。其时，武汉模式与深圳华侨城、广州珠江新城、杭州钱江新城等多个样板区域一道，在行业内树立了标杆，吸引了众多城市规划从业者学习取经。

重点功能区是城市核心产业功能的重要载体，立足于城市功能转型、谋求区域发展的角度，把促进经济发展与功能提升、环境改善与项目建设作为工作重点。其规划内容不仅要包括用地布局、城市设计方案、落实城市公共利益需求等传统规划的核心内容，还包括面向市场的项目策划与营销、土地运营、规划实施路径、步骤、时序等，并对建设过程中涉及的拆迁安置、资金筹措、招商引资进行统筹安排，实现项目、资金、土地、空间的一体化通盘统筹。

在此前提下，政府作为实施主体，保障了公益性的市政基础设施建设，企业往往负责经营性的建设发展，抑或承担公益设施的开发并移交政府。在全盘统筹的前期设计中，政府与企业达成了一种高效合作、互惠互利的工作模式，双方共同推进规划高效落地，从而避免在同一项目场地反复开展工程建设所带来的经济损失和环境污染。

实施性规划的另一个重要环节是招商。由于开发商产业性质不同、市场需求各异，因此，实施性规划应该达到足够的深度，积极参与招商并坚持以管控和引导为主，同时具备弹性，兼顾企业的产品诉求。在武昌滨江核心区规划中，后期工程如空间布置、建筑方案，具体到建筑控高、绿化环境、空间连廊、公共设施等，均被纳入编制方案中。在坚持以规划原则进行引导的基础上，兼顾实现企业的诉求，甚至在最终工程监理、竣工验收等环节，始终坚持把关，确保工程规范与规划编制的一致性，方才推动实施性规划最终的成功实施。

在特大城市重点功能区的规划中，从第一次徐徐铺展蓝图愿景，至工程现场砌下最后一块砖瓦，照亮的是一个又一个的未眠之夜。武昌滨江核心区实施性规划，数年间始终秉持着一以贯之的责任与职守，在坚守公共利益最大化的同时，践行着严谨、务实、开创性的工作模式，最终将理想蓝图和现实工程完美融合，实现了区域内最大效益的最佳平衡。

3.1.2　理想蓝图的谋划

滨江核心区是全市重点功能区，更是提速武汉建设国家中心城市的重要载体。

"国家中心城市"的概念源于 2007 年版《全国城镇体系规划》。彼时，武汉也站在冲击国家中心城市定位的起点线上，致力于建设处于国家战略要津、引领区域发展、参与国际竞争、代表国家形象的现代化大都市。

国家中心城市作为国家城镇体系中最重要的节点，既要具有组织完整地域范围内要素集聚和分配等的核心功能，又要成为面向国际社会的门户，具有一定的国际化特征。

在打造国家中心城市的大背景下，在全市 GDP 占领先优势的武昌区"主动发问"，寻求突破，并进行了一系列积极的思考与探索：试想在长江南岸打造一块高度集中城市的经济、科技和文化力量的商务区，在金融、贸易、服务、会展、咨询等传统商务区承载的功能中巧妙构思，与其他区进行错位竞争，并将其作为提升城市发展能级、展示现代城市品质、代表城市形象的优质资源重点打造。

"敢为人先，追求卓越"是武汉的城市精神，武昌滨江核心区的规划工作也从未缺少创新的勇气和谋远的智慧。2012 年，在武汉市申报国家中心城市的同时，武汉市委、市政府委托中国城市规划设计研究院编制《武汉 2049 远景发展战略规划》。

深感追求区域发展良机的责任感和紧迫感，武昌区政府未雨绸缪，主动发力，积极与中国城市规划设计院进行对接与交流，就武昌区的规划理念和实施《武昌区发展战略研究》的主旨思想进行了全面梳理，结合武汉市远景规划中"蓝图中的魅力都会：城市规划与建设""问道实力武汉：经济与产业发展""传承城市根脉：文化与社会建设"等重点议题展开了研讨。

2014 年 1 月 3 日武汉市发布了《中共武汉市委 武汉市人民政府关于落实武汉 2049 远景发展战略的实施意见》，把战略研究确定的理念、目标、路径、举措等体现到各类规划中，成为法定图则，引领城市建设和发展。其中，武昌滨江核心区作为长江主轴核心段的重要

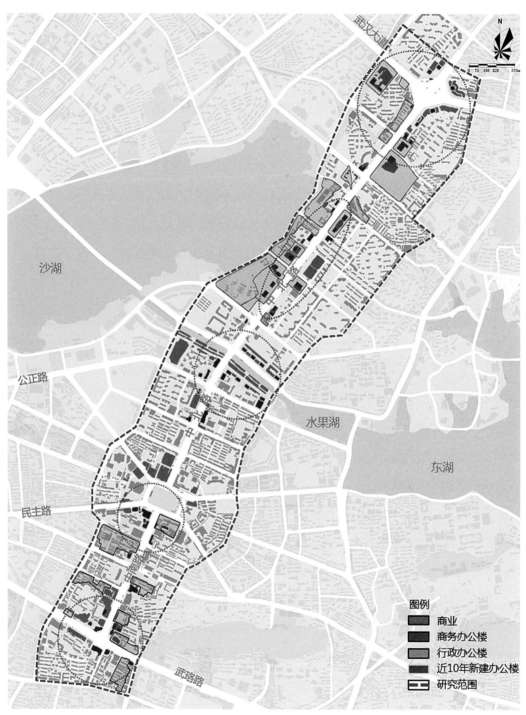

图 3-1　中北路沿线楼宇分布

组成部分，被确立成为《武汉 2049 远景发展战略规划》确定的江南主中心，其顶层设计理念也与《武汉 2049 远景发展战略规划》一脉相承，对武汉城市未来发展方向进行了科学预测和有序规划："绿色、宜居、包容、高效、活力……至 2049 年，在滨江核心区的助力之下，武汉将拥有更加绿色低碳的生态环境，更加宜居的市民社区，更加包容的文化环境，更加高效的交通体系，更具活力的城市空间，成为在创新、贸易、金融、高端制造方面拥有国际影响力和全国竞争力的世界城市。"

长期以来，长江以北的中心活动区分散于江岸、江汉、硚口以及汉阳区多个行政区划中，汉口老城区更是因为租界开埠，成为过去近一个世纪里最广为人知的经典地标。然而，包括江汉路在内的长江以北多个片区在商业积累上已基本成熟，受土地制约，全区剩余发展空间碎片化且整合成本较高，存量挖潜难度较大，也是显而易见的事实。国家中心城市战略的实施，使武汉市面临产业的调整和城市的转型。

规划团队从空间经济学视角出发，重新思考城市地租理论对城市空间结构的影响。相比于江北地区中心的相对分散，江南地区中心位于武昌区，根据专业设计机构的评估显示，武昌区作为武汉市中心城区的核心组成部分，占中心城区面积比重为 38%，占比最大并且遥遥领先其他行政区；人口占中心城区人口比重更高达一半以上。从区位上来说，武昌承担起了武汉未来一半的中心职能，与江北地区由各区组合而成的中心相比，武昌这一"江南中心"更为完整与独立，能够更有效和系统地承担城市中心的责任。

研究表明：与传统城市空间结构模型相比，近年来武汉市各类用地的地租曲线都发生了变化，如办公用地集群化就是一种新的趋势，通过城市中心体系的建设，加上政府的培育与引导，可以真正促进城市空间的结构性转型。

展开武汉市规划图纸，可以清楚地看到，滨江核心区是武汉市中央活动区内仅存的可集中开发的存量地，同时也是武昌古城发展的重要支撑。

将武昌滨江核心区与武昌古城片区、白沙新城打包规划，实现经济平衡，为武昌古城规划的实施落地提供了战略指引。在经济可行的基础上，规划划定武昌区为集中承载商务功能的区域，集中建设国际企业总部、高端商业及公共文化设施，同时结合土地平衡和经济测算精细划定功能疏散区，进行配套的房地产开发，满足开发商资金流转的需求。武昌区"三核联动、两翼展飞"的结构由此确立，清晰地构建出了滨江总部区、武昌古城和华中金融城三大核心发展区域。

根据《长江日报》报道，武昌滨江核心区未来将是武汉最具标识的城市名片，这里体现时代精神、现代服务、城市地标，武汉绿地中心、万达中心、万达威斯汀酒店、绿地国际金融城、华电华中研发总部基地、白云边总部大楼等项目先后加紧推进，滨江核心区将成为武汉吸引大企业区域总部的首选之地，堪称武汉的"曼哈顿"。

华中金融总部区分为"一线""一片"。"一线"是指中南—中北路沿线，已聚集各类金融企业 260 余家，与汉口建设大道、光谷金融港三足鼎立，是武汉建设中部区域金融中心的重要一极。"一片"指的是中北路、民主路、中山路、公正路围合的 2.3km² 华中金融城，这里将建成华中金融产业的聚集区和金融文化的不夜城。

武昌古城，即临江大道、中山路、津水路围合的 7.7km² 区域，是武汉的城市之根、民族之魂，彰显古城古韵。这里将打造以黄鹤楼为城市坐标的大黄鹤楼景区和未来古城文化产业发展平台的昙华林历史文化风貌区。

按照规划方案，滨江商务核心区和武昌古城将率先融合、联动发展白沙新城和杨园新城，成为武昌滨江文化商务区，并将纳入全市"十三五"重点工程。

一栋楼一年纳税过亿元。2019 年末的武汉媒体数据显示，在武昌区，这样的"亿元楼宇"共有 27 栋，全区商务楼宇入驻企业累计税收超过百亿，占全区年度公共财政预算收入的 43.2%。

积极破解土地资源制约，向空间要动能、要效益、要发展，大力发展"站立的产业园"，滨江核心区走的也正是一条"楼宇经济"、集约发展的新路子：积极引进企业区域总部和分支机构、总部型企业，强大的经济新动能的释放成为助推武昌经济高质量发展的新引擎。

"楼宇经济"，正意味着城市集约化、资本化和产业化迈进的过程中涌现的经济形态，体现了现代服务业与房地产业的高度融合，对集约利用土地、开拓发展空间、积聚经济要素、促进结构转型、实现高质量发展具有重要作用。

在滨江核心区最初的规划蓝图中，通过市场分析、案例比较、强度控制及容量承载研究，规划团队提出了合理的建筑规模，明确功能业态及配比，商住比达到 8：2。这一对区域功能产业的明确定位和坚定追求，显示出滨江核心区的建设根本，必然是带动区域经济的可持续发展。这与过去较长一段时间以搞地产、炒概念、通过"一锤子买卖"追求快速利润回报的房地产经济相比，更突显其顶层设计上的远见卓识。事实证明，楼宇经济占用空间少、能耗低、税收高，通过引进总部集团、研发中心和新型业态的落户入驻，能够集聚信息、资金、

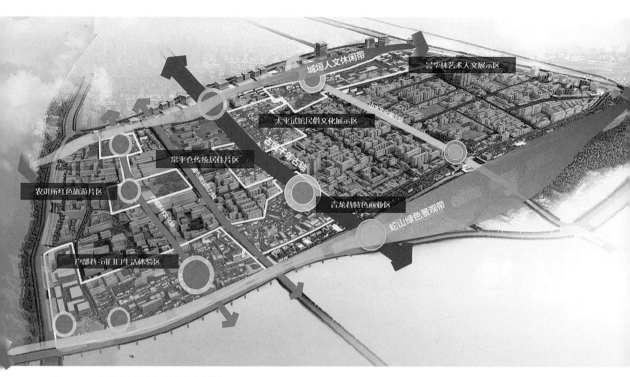

图 3-2　武昌古城蛇山以北规划结构

人才、技术等关键要素，加速城镇化进程，可以称得上是现代城市中立起来的开发区。

　　滨江核心区通过概念性城市设计方案搭建的核心空间骨架，与城市楼宇经济区域整体规划高度一致，除对高品质写字楼的科学统筹规划外，还配套规划建设餐饮、商业、零售、酒店、学校等生活及商务服务业态，同时打造安全、舒适、流畅，以空中连廊和"小街区、密路网"为特色的区域高效传导空间。

　　为避免同质低效竞争，滨江核心区还强化了对各楼宇的业态定位，推动各楼宇围绕定位的主导产业开展招商和产业生态链聚集。在确保刚性控制要求的基础上，规划紧贴招商需求，主动将潜在建设主体的诉求纳入规划方案并予以法定化，以确保后续规划实施性规划不会偏离区域经济可持续发展的根本立足点。

　　如果仅仅只以摩登城市、充满高科技和未来感的林立高楼来概括，并不能表达出武汉这座国家历史文化名城的厚重与内涵；如果仅仅在临江一线进行单纯的高楼堆砌，城市的记忆和肌理也将不复存在。滨江核心区的整体规划思路中，将武昌城市资源与文化内涵纳入滨江核心区规划的大区域视野；并始终保持深入挖掘文化要素和资源，搭建内陆开放与文化交流的平台，以期打造具有武汉特色和国际影响力的滨水商务区形象。

武汉作为"百湖之城"，丰富的水资源是城市的特色和标志。从纵轴方向延伸来看，自滨江核心区一路向南，经秦园路至沙湖片区，可尽情欣赏微光碧波的玲珑秀美，继而穿中北路、黄鹂路至东湖湖畔，又可遥看烟波浩渺、山水一色的壮丽景观。可以说，滨江核心区与这座城市"江、城、湖"相宜的生态格局和城市特色相得益彰，为武汉打造生态绿色城市名片，为高品质生活、服务和文化休闲的宜居城市增添了一笔靓丽的色彩。

在规划之初，滨江核心区还对武汉的历史资源和特色风貌地区进行了识别、保护和合理利用，依据各类历史建筑和街区的空间类型特点及所代表的文化特性，在保护的基础上进行功能置换，打造高品质的特色化地区。往横轴方向一路展望，滨江核心区通过对武九铁路历史文化资源的功能提升与保护性再开发，传承、彰显历史文脉，打造新时代特色空间。武九铁路北环线搬迁后，地上部分将建设全长约 17.1km 的城市公共空间——武昌生态文化长廊，将通过传承百年文化、追寻百年记忆、展望百年目标、建设百年工程，实现长江南岸地区由区域"发展痛点"向"发展特点"的转变，区域交通盲点向滨江功能纽带的转变，进一步提升江南滨江人文新特质、区域城市新功能，形成江南地区乃至武汉市独具特色的标志性公共空间。

2017 年 5 月，按照既定工作安排，由武汉市土地利用和城市规划研究中心、法国夏邦杰建筑设计事务所、德国欧博迈亚设计咨询有限公司、上海市政工程设计研究总院（集团）有限公司组成的联合设计团队，完成了武昌滨江核心区深化设计阶段各专项的终期成果。其后不久，武汉申报国家中心城市尘埃落定，武汉在长江经济带和中部崛起中的核心带动作用更加凸显，在全国发展大局中的战略地位明显上升，城市创新要素高度集聚，产业能级迈上中高端。滨江核心区则继续按国际一流规划标准，助力城市建设，加快完善城市空间设施体系，为提升城市功能品质和综合承载力贡献力量。

3.1.3 规划实施中的坚守

招商引资是加快城市经济发展的强劲动力，城市规划是为招商引资提供科学引导和空间支撑的重要前提。从促进城市经济和社会发展的角度来看，二者的总体目标一致，相互促进又相互依存。伴随国家级中心城市的确立、市场经济快速发展、资本流动的日益频繁，为武昌滨江核心区的招商引资工作迎来广阔的平台和辉煌的前景。

规划团队始终以统筹全局、放眼未来的思维高度，对城市产业发展和空间布局进行宏观研究，充分利用土地资源，对滨江核心区范围内不同层面的空间资源进行合理配置，促进城市招商引资工作的竞争力提升、招商环境的建设、招商项目的落位。

同时，规划团队全程参与招商细节，协助滨江核心区管委会开展一系列工作，对各类有意投资建设的企业进行对接与指导，通过将功能产业的引导与城市设计形态相结合，促进滨江核心区的规划蓝图更好地实施落地。

城市滨水区再开发的定位及开发规模直接影响其建设周期，国内外的成功经验表明，这个周期往往需要经历十余年甚至数十年的时间。由于其涉及多个开发主体、巨额的前期投入和持续的建设管理，"终极蓝图"式的环境景观设计由于缺乏灵活性的指导已经落伍，规划团队的实施性规划理念开始强调对过程的控制、对不同利益主体的协调、对规划实效性的追求，规划成果也从完美的景观效果图向更加灵活的政策控制转变。

对城市而言，空间决定功能，功能决定产业，产业决定未来。城市在形态上的重构与产业在空间上的分配，是有机联系的整体。城市的发展目标确定之后，需要同时从空间组织形态和产业活力内核两个方面来推动城市的建设与发展。

武昌南岸具有悠久的历史传统和人文条件、浓厚的商务氛围和商业气息、完善的城市功能和基础设施、优良的配套服务和消费环境。滨江核心区集中了所有这些要素资源。如何处理好规划与招商的关系，加大招商引资力度，提高项目成功率，发挥城市规划对招商引资的正面引导作用等，这些方面过去在规划系统内的经验并不足够。在实施性规划的过程中做好对招商引资开展、指导和对接工作，是规划团队积极探究并力图解决的命题之一。

以加快促进总部经济发展环境、提升商务楼宇整体发展格局为目标，从 2015 年开始，武昌滨江核心区管委会组建了一支熟悉产业政策和招商政策、掌握国际招商惯例、善于与国内外大企业接洽的专业化、复合型招商队伍，对招商工作进行了广泛而深入的宣传推介。规划团队则协助管委会招商团队，在前期对招商手册、宣讲视频等材料进行了全面整理，对片区内每一地块的优势、卖点和技术指标进行了重点解读与包装。其后，又在武昌区领导的带领下，先后前往北京、上海、深圳、香港等重点城市举办招商发布会，以"走出去招商""上门招商"等主动模式，按照规划蓝图，针对重点产业领域区域总部及职能总部登门拜访，并密切关注世界 500 强、国内 500 强及重点行业领军企业的战略部署与重大项目投资意向，对重点招商对象进行汇总、分析、筛查，重点聚焦国内外 500 强企业，与其建立密切联系机制，制订有针对性的招商方案，实施精准招商，提高招商的准确性和成功率。

在这一过程中，规划团队还负责与意向入驻企业的紧密对接，一方面，规划团队向企业详细解读滨江核心区的规划理念和设计初衷；另一方面，规划团队诚恳听取企业诉求并积极协调，在吸纳其可行性建议的基础上，促使企业手中的最终方案与已有规划方案的融合，从而加大审批通过的把握度，最终使土地出让环节更为顺畅。

坚守招商企业与滨江核心区规划定位的匹配度，意味着规划团队对意向企业的整体规模与综合实力有着明确要求。首先，入驻企业在功能上需符合滨江核心区的战略目标，必须是一些具有高附加值、高辐射能力和多功能性的产业；其次，入驻企业在国内外资源配置能力、国际竞争力以及行业内的影响力也是考核的重要标准；最后，这些名企入驻后能带来较大的业务和增值资源，在产业、税收、产业链发展等方面作出相应的贡献也是不可缺少的要素之一。

2016 ~ 2018 年，武昌滨江商务核心区土地招商取得突破进展，拟引入中铁磁浮、凯德置业、理工数传、南京福中集团等知名企业总部入驻。2018 年 8 月 13 日，在各专项深化方案的基础上，结合各地块招商主体建设意向方案，整合梳理形成新一版的实施性城市设计方案，提交武汉市规划委员会审查并获原则性同意。

2019 年 9 月，华夏幸福联手平安集团在武汉以 116 亿元拍下位于武昌滨江商务核心区的两幅地块，华夏幸福汇集以 KPF 设计事务所领衔的全球八大顶尖设计团队，将为该项目打造建筑面积约 160 万 m² 的"武汉长江中心"滨水综合体。2020 年 5 月，清能、龙湖合资公司武汉清龙置业注资 1 亿元落地武昌，在滨江核心区内，建设总面积接近 50 万 m² 的城市综合体，其中包括住宅、写字楼及商业项目龙湖天街购物中心。彼时，凯德武汉来福士广场也意向落户武昌滨江商务核心区，拟建设为综合体，规划建筑面积 59 万 m²，计容面积 44 万 m²，其中包括 11 万 m² 的购物中心、8 万 m² 的高端写字楼、7 万 m² 的雅诗阁服务公寓和创意办公、高端住宅，预计总投资 100 亿元。

在参与招商的过程中，规划团队注重突出滨江核心区的特色，发展战略性项目，坚守规划底线中的硬性规定，同时体现灵活性，注重项目的实际操作，确保招商引资和城市规划工作协同发展。首先，规划团队着力增强规划透明度，让企业对城市规划有清楚认知，明确哪些是硬性规定，哪些是弹性要求，从而尽量减少矛盾，达成共识。其次，规划团队增强规划公正度，不论项目大小，在规划面前人人平等，从而促进公开、公平竞争。再次，规划团队切实保障规划信任度，积极强化服务意识，主动与企业进行多轮沟通，提高政策法规的执行水平，遇事不推诿、不推卸、不推脱，使招商引资和城市规划工作齐头并进，促进滨江核心区整体协调发展。

在与意向企业的对接过程中，规划团队尤其注重对公共空间利益的捍卫。在整体规划一脉相承的前提下，争取实现公共利益与企业价值的最大化共赢。在这一环节，充满了利益的层层博弈和智慧的破解之道。例如，有的开发商希望大面积布局整片高层建筑，以提高经济回报；有的开发商希望空中连廊完全通向建筑内部，从而集聚人流；还有的开发商希望将意向地块打围形成"私家领地"……对此，规划团队对长江天际线整体结构原则、空中连廊的观江功能、"小街区、密路网"的基本纲领坚决不动摇，在个别细节上和企业沟通，接受其一定程度的微调。

事实上，每个开发商对跟踪地块都有自己的独特诉求，通过多次沟通衔接，规划团队从建筑高度、塔楼位置、布局形态、停车配比、文化塑造等方面与开发商一同探寻理想与实施的平衡点。在招商过程中，结合企业诉求，规划团队也对规划方案作出了优化调整：包括调整局部地块用地性质；调整建筑规模及住宅占比；在维持滨江天际线整体结构原则的基础上，调整建筑高度及部分区域建筑群体组合关系等。

在上述与开发商进行艰难而必要的磨合过程中，规划团队始终保持迎接冲突、保持耐心的心态，坚守规划师的职责与求同存异的工作作风。规划团队既坚守规划框架，也坚守区域价值。

这种坚守体现在规划团队对规划权威的树立，确立城市规划工作对招商引资工作的指导和约束地位。绝不能以牺牲城市的长远利益来迎合投资商的要求，不能为一时的政绩随意改变规划、调整规划。一是招商引资工作不能破坏滨江核心区的总部经济定位；二是必须在规划确定的范围内使用土地，不能在非建设用地上申请建设项目，不能轻易变更规划已确定的土地使用用途；三是不得要求突破国家规定的城市规划强制性内容，也不能突破地方城市刚性管理规定。

在坚守初心的岁月中，规划团队将在后续进一步创新工作方式，不断提高助力企业发展的能力，为各类总部企业和创新引领项目创造发展契机，让更多领域优势企业、大型企业集团总部有入驻滨江核心区的动力和扎根滨江核心区的决心。

3.1.4 实施运营机制的探索

实施性规划一方面在于高品质的规划设计，另一方面核心在于高水平的实施运营。滨江核心区规划实施运营在体制保障方面进行了多方面尝试。

首先是组织保障到位，成立专门的规划实施平台。2014 年 8 月，由武汉市政府批准，武昌滨江文化商务区管委会挂牌成立。作为滨江核心区建设主体和融资平台，管委会已全面承担起滨江文化商务区规划编制组织、土地整理、房屋征收、市政设施配套建设、招商引资、投融资及协调、指导开发企业按规划落实项目建设等各项工作，为滨江核心区规划实施提供了机构保障。

其次是建立更多元的规划审批监督和干预机制。通过制度设计保障城市设计师的权力与责任。在法国夏邦杰事务所的推介下，参照协调建筑师制度（类似武汉市目前正在助推的总设计师制度），给予城市设计师在区域开发控制体系中整体控制和自由裁量的权力，保障了其在关乎地区整体风貌、总体空间形态、街区肌理及公共空间等全局性要素的审批和决策时有足够的话语权，从而促进城市设计蓝图较好地实现。

另外，建立规划实施的多部门统筹协同机制也很重要。城市设计的实施涉及自然资源和规划、建设、园林和林业、教育、卫生等部门，相关平台公司及区政府等多个主体部门，存在规划定位与招商引资的协同、不同实施主体对市政基础设施建设的协同、政府与开发商在公共设施与房产开发方面的协同、高标准规划与高标准建设的协同等多方面问题。要解决当前普遍存在的公共建筑实施滞后、公共空间品质粗糙等问题，有必要在更高层面建立起规划实施管理体系和统筹、监督机制，以城市网格平台为基础，搭建城市风貌及规划实施精细化管理信息平台，强化多部门协调配合和信息互通，广泛应用专家咨询与评审机制，对重点地块、重点项目要像绣花一样精细，加大规划实施统筹力度和精细度。

3.2 协调与博弈

3.2.1 隧道风塔的巧妙迁改

两江交汇的武汉，很多市民每天都要穿江而行。近年来，随着地铁建设的推进，武汉兴建了多条地铁越江隧道，从 2 号、4 号、3 号、6 号、8 号线，再到 7 号线长江公铁隧道，一条条隧道穿长江汉水，连起两江四岸居民。

2018 年 10 月 1 日，"万里长江公铁第一隧"——武汉轨道交通 7 号线三阳路长江公铁隧道正式通车运营，这意味着继 2 号、4 号、8 号线后，武汉有了第 4 条穿越长江的隧道。长江公铁隧道开通前，武汉市主城区过长江共有 7 个通道共 38 条车道。隧道开通后新增 6 个车道，车道总数增长至 44 条，较开通前通行能力提升约 15%，二环以内核心区通行能力增长约 25%，显著提升了过江交通容量。

作为世界上首条建成的公铁合建盾构隧道，武汉长江公铁隧道已成为"世界级样本"，为集约利用过江通道资源和城市地下空间提供了新思路，其对通风排烟系统的设计也提出了更高要求。为了解决洞口环保问题，设计方通过对不同通风方案的气流组织、初期投资和运营费用进行研究，最终确定了竖井送排式纵向通风方案。由于集中式通风塔的污染物排放总量和浓度较高，这直接导致了风塔选址的矛盾突出。以右线武昌为例，风塔如何设置，设置在何处？如何在有效解决污染和保证安全的基础上，与周围景观、建筑物保持和谐统一？规划团队经过多方协调，在比选多个方案后得出了最佳答案。

武汉长江公铁隧道线路北起汉口三阳路，南接武昌秦园路，隧道上层为公路排烟道；中层是公路隧道，单向 3 车道；下层分 3 孔，中孔走地铁，左侧为公铁合用逃生通道，右侧布置地铁排烟道以及电缆廊道等。其为当时国内在建的最大直径盾构隧道，通风排烟设计难度大，且两岸隧道洞口两侧均为高层建筑的办公住宅密集区，属于空气环境控制的敏

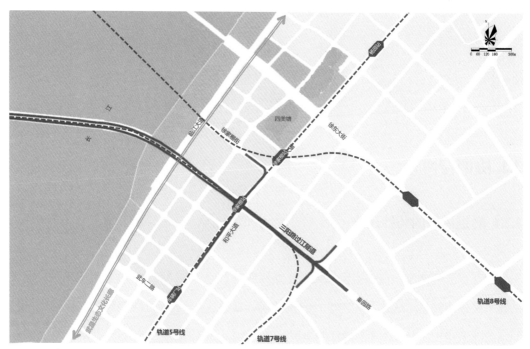

图 3-3　与武昌滨江核心区相关的市政基础设施

感区域，对洞口空气质量及噪声要求较高，根据环评报告，不允许将污染空气超标排至该区域。因此，武汉长江公铁隧道在武昌、汉口的江边各设置了一个风塔，风塔的应用为城市地下空间提供了新鲜空气。

武汉长江公铁隧道设计方分别对竖井排出式纵向通风和竖井送排式纵向通风进行对比分析。以江南武昌为例，在武昌工作井内设轴流风机和排风塔，当交通阻滞时，污染物通过合流排放的方式被排出。由于风塔至隧道出口长度为 990m，该段气流方向与行车方向相反，活塞风作为阻力考虑，为了克服该段通风阻力，排风机所需压头高达 1500Pa，需设 3 台隧道通风机，单台风机风量 135m³/s，风机功率 300kW。同样以江南为例，在武昌工作井设置排风塔和送风机，将入口处武昌工作井段废气通过风塔排放，通过送风机送入新鲜空气，以满足出口段新风需求，并对出口段污染物进行稀释。由于进出口段气流方向与行车方向相同，活塞风可作为动力，风机所需压头较低，为 800Pa。

竖井送排式在土建投资上高于竖井排出式，但在气流组织、设备投资和后期运行费用方面均优于竖井排出式，因此设计方采用竖井送排式方案，在两岸工作井内分别设置排风塔、排风机和送风机房，排风机房内各设 3 台排风机，送风机房内设 1 台送风机。

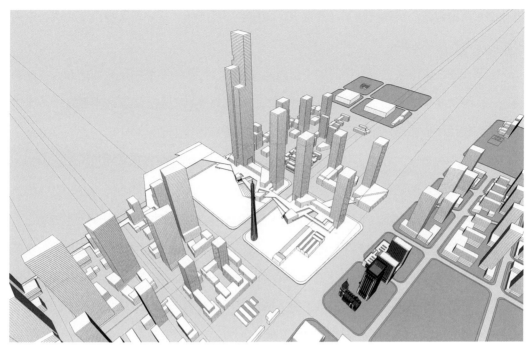

图 3-4 "地铁塔"方案空间意象

风塔有两种设置方式,即单建或与周边建筑合建。根据环评报告可知,单建时,武汉长江公铁隧道江南风塔高度为 110m,风塔面积 25m²,瘦高形的风塔造型对周边景观影响较大,较难与周围建筑协调。那么,将江南风塔打造成地标性景观构筑物——"地铁塔",是否可行?地标性景观构筑物不仅仅是城市现代化的标志,而且是一座城市的名片和精神象征,是城市布局的核心。从国内外地标性景观构筑物开发项目的开发建设情况看,一方面由于其自身的复杂性特征所导致的风险复杂化;另一方面由于投资风险意识的问题,最后常常导致项目投资"失败"。因此,"地铁塔"的设想被放弃,不采用单建方式。考虑到武昌风塔周围有已规划的高层建筑,且与隧道建成年限基本一致,为了减少风塔设置对周围景观的视觉影响,风塔与周边高层建筑合建,隐藏于建筑中。武昌风塔建筑计划是在用地面积约为 0.87hm² 的土地上,建设一栋主体高度约为 120m 的隧道管理办公楼,含风塔、变电站、综合楼等功能。

确定了风塔的设置方式后,风塔设置在何处又成了规划团队面临的另一个难题。

双向 6 车道的秦园路作为滨江核心区的主干路,被强化为 CBD 之心,而其也正是武汉长江公铁隧道的两个主通道出入口之一,周边集中了大量总部商务楼群。为了保证风塔周边 200m 范围内超高层建筑密集区的空气环境质量不受影响，规划团队提出了中央公园南移和风塔南移两种方案。

按照规划，秦园路东侧沿线的中央公园是滨江核心区绿地系统中最重要的绿色生态板块之一。一边是中央公园，一边是高耸的建筑；一半自然，一半人工；一半风景，一半繁华。诚如纽约中央公园之于曼哈顿，作为寸土寸金的高密度办公区域中的一片公共绿地，滨江核心区中央公园的存在实属难得。滨江核心区中央公园定位以尊重利用自然为前提，以园林为展现主景的舞台，创造多层次、多视点的丰富景观，既能够为周边办公群体提供配套服务和休闲娱乐功能，同时承担连接人流与滨江景观走廊的功能。可以毫不夸张地说，中央公园犹如滨江核心区中的"一叶绿肺"，为忙碌的都市人营造了一个亲近自然、生态和谐的绿色开放空间，极大地提升了滨江核心区整体的生活品质和投资环境。如果南移中央公园，势必会影响南北贯穿的主轴连接，破坏了中央公园与长江之眼"月亮湾"等重点区域的联系，所以中央公园南移的方案被否决。

经过规划团队与武汉地铁集团、武昌区政府的多次协商、协调，最终敲定了维持城市设计不变，江南风塔南移的方案。风塔南移方案是将原规划的主变电站、管理用房及配套综合办公楼均整体南移，风塔位置南移到秦园路南侧街坊内，风塔地块以成本价划拨形式进行供地。

江南风塔南移是滨江核心区项目规划设计中三方有效对接、协调各方诉求，从而实现互利共赢的一个缩影。作为目前武汉市最大的隧道风井设施，建成后的武汉长江公铁隧道武昌工作井总建筑面积 22107m²，为地下 5 层结构，总体积约为 150000m³，相当于隧道的"肺"。据有关数据统计，武汉长江公铁隧道通车半年来，日均车流量约为 2.7 万辆，最高日车流量为 4.1 万辆，高峰小时车流量约为 2000 辆，江南风塔运行正常。

2020 年 4 月 2 日，武汉长江公铁隧道因为新冠肺炎疫情在封闭两个多月后重新开通运营，面对日渐增多的通行车辆，武汉长江公铁隧道开启"强通风模式"，排出隧道内的"浊气"。同时，每天夜间隧道封闭后会进行一次路面、侧壁、边沟等全面消杀，完成送风设备、进出风口等设备消杀。自 4 月 2 日起，武汉长江公铁隧道武昌工作井内，按照新的隧道通风模式要求，隧道运营期间采取每间隔 2 小时开启 82 台公路层射流风机，进行隧道全线通风换气，每次运行时间为 1.5 小时；夜间停运期间，隧道封闭后、开通前开启隧道全线 46 台射流风机 1 小时，进行"接力赛跑"，共同排出隧道内的"浊气"。疫情期间

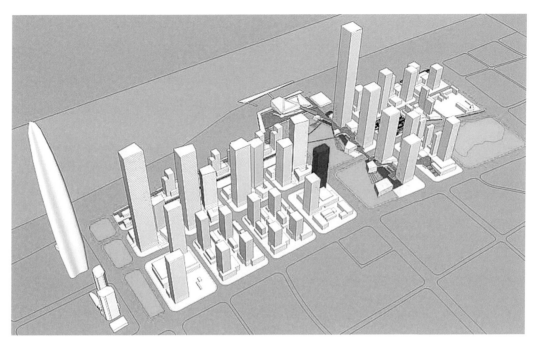

图 3-5　武汉长江公铁隧道江南风塔南移后空间形态

的加强通风运营模式跟正常运营的通风模式相比，每天多开启 5 次，风机运行时间增加了 7 小时，通风设备次数、时长均为非疫情通风工况的 3 倍，全天候保障隧道内空气的"新鲜度"。

3.2.2 生态文化长廊的敷设路由

《武汉铁路百年》一书的作者汪瑞宁曾表示，武汉是坐着火车穿越历史而来的城市，每一段铁轨，每一个车站，都是一段革命史、奋斗史和城市发展史，在中国几乎没有哪个城市像武汉这样，在崛起的道路上与铁路紧密相拥。铁路让武汉经济崛起，也造就了武汉今天的城市格局。

修建铁路，是为了提速；拆除铁路，也是为了提速。2018 年 5 月 19 日下午，武九铁路北环线搬迁协议签订仪式在武汉举行，自此武九铁路北环线搬迁进入实质性启动阶段。武九铁路北环线搬迁，将大大利好武昌的滨江开发，城市的空间布局、交通格局也将更趋合理优化，为武昌区进一步进行科学规划、打破交通瓶颈、拓展发展空间、促进产业聚集打下了基础。根据规划，武九铁路北环线搬迁后，地上部分将建设全长约17.1km武昌生态文化长廊；地下部分建设综合管廊，将电力、热力、给水、通信、中水等管线集约其中。对于经过武昌滨江商务核心区的区段，武昌生态文化长廊、综合管廊是沿江敷设还是沿武九铁路敷设，成为规划团队亟待解决的又一问题。

随着武九铁路电气化改造，天兴洲大桥和武汉北编组站等铁路枢纽项目相继建成投运，该铁路客运功能转换至南环线，运输功能日益减弱并逐渐被替代。此时，这条"退休"却没"退位"的铁路，阻碍城市发展的问题日益凸显。首先，其截断了武昌、青山两个城区近40条与长江垂直的道路，由此产生多条"断头路"，极大地增加了周边交通压力。此外，铁路两侧多为零星棚户区或已建成小区，居民若要前往江滩游览，不得不穿过多个铁路道口，非常不便。例如，住在月亮湾临江大道一带的居民，生活被铁轨阻挡，出武昌只能从长江二桥、秦园路、铁轨天桥穿过。武九铁路北环线拆除后，武昌滨江核心区临江的多条"断头路"将被打通，从和平大道至临江大道，抵达武汉最美江滩将更便捷。而且，区域交通环境的改善也将有力促进武昌滨江核心区整体发展，助推长江主轴建设。

武九铁路北环线搬迁，牵涉面广、协调量大。2016年，武汉市政府明确了"一个领导小组、一个协调机构、一个工作专班、一个投融资平台"的"四个一"运作机制，明确了工作节点目标，成立了具体实施的市铁投公司，搬迁工作由此进入提速阶段。按照武汉市政府关于"回望过去，传承百年文化，追寻百年记忆；展望未来，规划百年目标，建设百年工程"的要求，武汉市组织规划建设武昌生态文化长廊。在为市民打造共享开放空间的同时，百年铁路文化与历史印迹将会被充分保留。

武昌生态文化长廊南起武昌大东门社区，北至青山戴家湖公园，总长约17.1km。其中，一期工程起于友谊大道，止于建设十路三环线戴家湖公园，横跨武昌、青山两大行政区，总长约13.46km，建设工期3年，预计2022年底建成。

这段全长约17.1km的生态文化景观长廊沿武九铁路北环线建设，通过对武九铁路北环线功能化、景观化、记忆化的改造利用，传承百年文化、追寻百年记忆、展望百年目标、建设百年工程，实现长江南岸地区由区域"发展痛点"向"发展特点"的转变，区域交通盲点向滨江功能纽带的转变，进一步提升江南滨江人文新特质、区域城市新功能、铁路沿线环境新品质，形成武汉市乃至江南地区独具特色的标志性公共空间。建成后，长江主轴

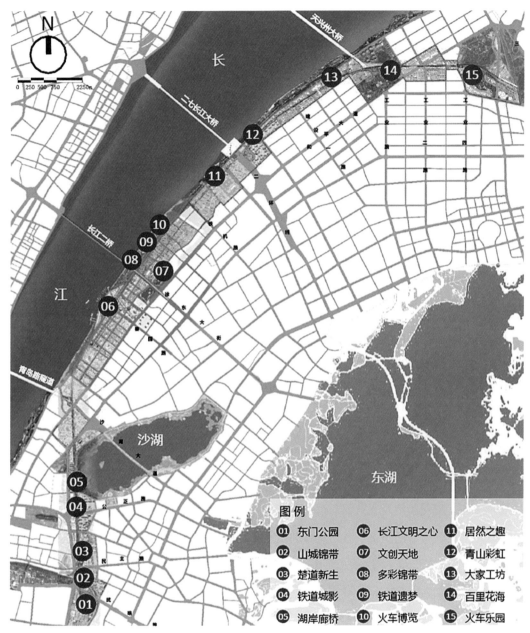

图 3-6　武昌生态文化长廊总平面

上将增添一个重要的景观带。

武九铁路在月亮湾节点处横穿规划城市垂江绿轴，借此契机，武昌生态文化长廊在此结合垂江绿轴整体设计。一条狭长的线在此展开成面，并通过立体城市空间设计，使慢行系统上跨临江大道，同时整合月亮湾防洪堤设计，将周边建筑、公共平台以及月亮湾城市阳台融合成有机整体。

地下综合管廊就像建在地下的房子那样，是保障城市运行的重要基础设施和"生命线"。武九铁路北环线综合管廊工程包含综合管廊 16.24km 和建设十路道路 540m，其中综合管廊包括主线和支线两个部分：主线管廊沿武九铁路北环线控制廊道布置，起于友谊大道，止于建设十路，全长约 13.24km；支线管廊沿德平路布置，起于武九铁路，止于团结大道，全长约 3.0km。工程于 2017 年 12 月正式开工建设，2021 年施工完成。

地下综合管廊建成后，将容纳电力、热力、给水、通信、中水等管线，打通武昌、青山临江片区的城市供给主管线通道，集约高效地利用地下空间资源，节约城市用地，减少了架空线与绿化的矛盾，美化了城市景观。同时，还有望彻底解决因管线建设、维修造成道路反复开挖的问题，避免了对交通和居民出行造成影响和干扰，降低了路面多次翻修的费用和工程管线的维修费用，长久保护道路路面的完整性和各类管线的耐久性。此外，该系统还具有一定的防震减灾作用。

武九铁路从滨江核心区地块穿过，规划团队在规划时充分利用了这个走廊，基于武铁武昌机务段的宽阔场地和工业建筑遗存等资源特征，通过铁路肌理与要素的保留、历史建筑的改造、自然景观的塑造，打造集铁路文化体验、展示、创意于一体的铁路文创天地。此外，规划团队还结合周边资源和现状，借鉴国外一些商业元素，将在滨江核心区铁路沿线打造主题化商业街区聚集人气，改善沿线环境品质，塑造充满活力的特色公共空间，让废旧铁路沿线焕发新的活力。

如果地下综合管廊沿临江大道敷设，生态文化长廊同样沿右岸大道敷设，这会直接导致核心区内沿铁轨设计的规划全部搬出至右岸大道，整个核心区内的铁路规划特色消失殆尽；倘若换另外一种思路，生态文化长廊和地下综合管廊沿武九铁路敷设，这又会出现地下综合管廊对核心区的地下空间造成分割的问题，地下空间的利用率将会大大降低，势必造成地下空间的浪费；沿内部支路敷设的方案就更不经济又不可行，直接被否决。

规划团队主动对接，提出按生态文化长廊和地下综合管廊沿武九铁路进行敷设，尽可

图 3-7　铁路文创天地规划意象

能匹配原有的城市设计规划方案，最终生态文化长廊方案组并未采纳。经过多方数次协商及调整，最后达成一致，采取地下综合管廊沿右岸大道敷设，保留滨江核心区内铁路沿线规划的方案，从而找到了解决这一问题的最优路径。

3.2.3 月亮湾城市阳台与右岸大道的完整性

摊开武昌滨江商务核心区城市设计图,可看出它在总平面上是以典型的城市街区概念为依据。街区形式为开发提供了灵活的框架,建立了清晰的秩序感,推崇行人的通达性,提供不同的机动车行车路线以减少交通堵塞。

普通市民漫步于月亮湾"城市阳台",或通行在右岸大道上,并不会想到在这么多年间,城市设计方案根据各种决策作了无数调整,在深化设计阶段,发生了许多对接协调的曲折故事,好在最后方案没有完全偏离原貌。如今,郁郁葱葱的街道和公共空间为市民提供了宜人惬意的空间,正与整个区域逐渐融合在一起。

2017年1月,中共武汉市第十三次代表大会召开,吹响"聚力改革创新,奋力拼搏赶超"号角,明确提出高水平全面建成小康社会,加快建设现代化、国际化、生态化大武汉,为武汉未来5年乃至更长时间的发展制定了行动纲领,全面开启复兴大武汉新征程。

会议还提出:规划建设长江新城,规划优化武汉长江主轴,打造世界一流的城市亮点区块。长江新城、长江主轴将共同构成"长江时代"的主音符,共同展示大江大湖大武汉特色,成为武汉在生态文明时代提升功能、优化布局的重大举措。

"长江主轴"概念规划方案包含了一系列工程,长江沿线"城市阳台"便是其中重要抓手。"城市阳台"简单来说就是城市利用空间的错落修建能够观景的平台,为人们提供乐享休闲观景的开敞空间。选址原则是按照统筹考虑公共空间系统、配合城市重点功能区发展、对接重大交通基础设施建设、衔接垂江景观通道的建设要求,同时根据现状资源盘整及"城市阳台"相关建设要求进行。

"月亮湾"是武汉已确定的5个"城市阳台"选址点之一,它在地理位置和空间特征上是突出于整个岸线,十分具有特点。然而滨水区往往处于城市道路系统尽头,可达性不高,而平行于水岸的城市干路又往往阻碍水岸与腹地的联系,滨水道路的连通性较差也影响各区段之间的联系。月亮湾便是如此,尽管保持了与长江的亲近距离,但3m高的围墙阻隔了人们观赏江水景色的视线。月亮湾防洪堤在保证城市安全的同时,也为城市肌理与长江水岸之间树立了一道障碍,从而造成人们临江却往往看不到江的情形。特别是武九铁路北环线搬迁后,整个月亮湾变成了一片"禁地",破旧的厂房,裸露的铁路,整个月亮湾成了城市被遗忘的角落。

图 3-8 月亮湾"城市阳台"一期工程

月亮湾"城市阳台"规划的落实，能让市民无障碍观江游览互动，更方便从沿江的一处景点漫步到另一处景点，营造人与江的对话空间。此工程具体位于武汉市长江二桥以南、武昌滨江核心区核心节点区域月亮湾地区，东至武昌临江大道，西至长江大堤50m，南起月亮湾轮渡码头，北至武昌江滩横堤，长江岸线约1100m，南北长约900m，用地面积约12.93万 m²。武汉市高度重视"城市阳台"的规划，为进一步优化节点方案开展了国际方案征集，吸引了国内外很多知名机构参与。

最终英国扎哈·哈迪德建筑师事务所设计的弧形建筑方案脱颖而出。设计意象取自珍珠等贝类，其外观上动态的流动感反映出水的特质。珍珠于水中孵化，从水中孕育出其珍贵的价值，如同在长江边上的设计地块孕育出武汉月亮湾的新文化特征。

扎哈·哈迪德建筑师事务所方案确定后，与规划团队的城市设计方案叠合，发现主要有两个冲突点需要协调。首先是从建筑风格来看，整个滨江核心区的风格偏向于有棱有角，而扎哈·哈迪德建筑师事务所的风格是弧形，虽然各有特点，但组合到一起在视觉上会显得有些别扭。其次，由于月亮湾"城市阳台"是滨江核心区交通很重要的转接处，各条步行连廊都是连续的，扎哈·哈迪德建筑师事务所的作品并没有考虑原城市设计的交通系统设计，导致一系列城市连廊被打断。要知道，滨江核心区的城市设计有诸多亮点，其中一大亮点就是创造了城市连廊系统。一个空间连续、少机动车干扰的步行环境对市民是非常有吸引力的。

此系统在 +5m、+10m 两个高度空间上串联轨道站点、江滩公园与滨江核心区的重要建筑塔楼，同时兼具通勤和停驻观江功能，既安全又方便。市民可以从地铁站直达武昌江滩，沿线还有一些景观、商业设施，可以丰富市民的活动，削弱步行的疲劳感。如果打断，整体连廊就将失去完整性。所以在如何保留城市设计方案中的亮点，怎样与扎哈·哈迪德建筑师事务所的设计更有效地联动，让其作品和城市设计方案自然地融为一体，保证实施效果以及城市连廊系统的充分衔接与运转，还有大量沟通工作要做。

"右岸大道"同属于长江主轴设计的一部分，建设范围集中在武昌临江大道二七长江大桥至张之洞路段，全长约 11.38km，改造后成为集车行、绿道、综合管廊、景观于一体的复合廊道，是与长江对岸"左岸大道"相对应的重要交通主动脉。改造完成后的"右岸大道"有效改善了武昌临江片区的交通条件，市民出行更加方便，同时路面排水的能力也更加强了。

该路段还保留了原有的法桐——20 世纪 60 年代种植、胸径在 80cm 以上。保留的树木不能满足道路整体线形，建设者就给每一棵保留的树木配备独特的树穴篦子，形状、开口的位置都量身定做，施工过程如同外科手术般精细。同时，还在树穴之间埋设了新型多孔纤维棉蓄水模块。该材料被称作"会呼吸的海绵"，雨天可储存大量雨水，晴天可将储存的雨水渗透排出。此外，作为武汉市首条大规模采用"海绵"理念建设的城市主干路，大道全线人行道及各节点公园均采用硅砂透水砖铺装，实现高效集水、生态平衡。

市民由此的确感受到了友好的城市环境、更多的滨水公共空间对提高城市环境品质的重要意义，而这背后的规划设计却几经波折。从前的临江大道较为狭窄，路况较差，而且堤防破旧，空中还有高压线，景观效果不好。再加上由于各方利益主体诉求不一致，尤其在 2017 年初拟定方案阶段，意见难以平衡和统一。例如，有的想法是希望能将"右岸大道"修至防洪堤处，有的想法是在临江大道上建设全程高架，使得市民开车时也能看到长江风景……这些在当时的规划行业内引起了不少强烈的思路碰撞，最后的方案改为："以临江大道的双向四车道，道路红线 30m 为基础，将'右岸大道'统一拓宽为双向六车道，道路红线拓为 40m。"

此前，武昌滨江核心区城市设计已完成。城市设计方案主要强调了临江大道与武昌江岸的沟通，使车行系统在中央公园地块下穿。也就是希望市民能步行从秦园路直接到达月亮湾城市阳台，到达武昌江边，这在一定程度上也保证了步行的安全性。如果要使行人步行范围不中断，临江大道地面局部机动车道需要收窄，使车辆用下穿方式通过，那么地面只能设置为双向两车道。前面所说的"保证地面双向六车道"的思路与规划团队已完成的这项城市设计方案叠加，会有一些冲突的地方。

另外一点是，武昌滨江核心区拥有开发强度较高的地下空间。如果按照常规布置出入口，地面交通压力将相当大，堵车可能会成为家常便饭，所以规划团队组织了地下交通环路，将地面交通释放出来一部分。地下交通环路的出入口，规划团队原本在临江大道长江大桥方向、二七长江大桥方向各设置一对出入口，但"右岸大道"出现后，出入口对它来说就是空间挤占，六车道无法保证。这样一来，地下交通环路出入口必须进行调整。于是规划团队又重新对地下交通环路出入口进行研究，将其移到比较偏的支路上。最后虽然通行效率相对受到了一些影响，但出入口得到了保证。

武昌滨江核心区的城市设计方案经过反复论证，多次修改、推翻及再修改，前后持续了一年半时间。当然，矛盾本是避免不了的，各种方案的调整目的也都是为了使得城市更宜居，通过多方面手段，促进经济、社会和环境全面协调可持续发展。当然规划团队可以看看全球其他案例。例如，巴黎塞纳河两岸的改造方案，也经历过反复修整，整个项目甚至一度停滞了 5 个月时间。好在改造结果还是令人满意的，从数据来看，改造地段的空气质量、噪声污染以及所涉河段的生物多样性都得到了改善。

从宏观层面来说，国外不少滨水改造项目值得规划团队借鉴的主要有两点。首先，要用项目思维提升城市服务功能，考虑如何让一个有利于市民福祉的项目既满足开发商和权利所属人的直接利益诉求，又得到百姓的支持，还能吸引民间的资本，从而真正在空间上得以落实。其次，要应对一块已建成土地上的复杂利益关系。一块已开发土地意味着错综复杂的利益相关人，城市空间应提供更多实验机会和弹性思维。这种思维往往更容易消解矛盾，带来利益之间的平衡，从而满足各种城市权利人的利益需求。

3.2.4 "城市传导系统"的空间实现

我国于 20 世纪末开始进行空中连廊的建设探索，从过街天桥到建筑综合体间的连廊步道，再到片区内的"城市传导系统"的建设。作为一种新兴的立体慢行体系，空中连廊经历了长时间的发展变化，目前美国明尼阿波利斯等全球多个城市已经建立了相当完善的"城市传导系统"。

随着城市建设的加快、城市道路网的日益完善和机动车辆的日渐增多，车行与人行之间的冲突逐渐凸显，尤其是商务区等人流密集片区，追求通行效率的机动车道一定程度对城市功能地块造成分割。

在"以人为本"思想主导下，一方面，规划团队试图通过建设"城市传导系统"为市民提供更多自由畅达的步行空间；另一方面，开发商在经营目标的引导下，同样试图建设联系建筑群体和重要空间的连接，以吸引和留住更多客流。为此，滨江核心区在规划中积极布局了"城市传导系统"，在解决车行交通对公众步行出行的影响、增加城市活力的同时，打造出富有层次感的滨江景观。

然而规划团队也并不讳言，在规划实施过程中，"城市传导系统"的完全落实还面临部分难点。首先，受开发商自身建筑设计高度、建筑出入口方向及位置、集聚人流需求等因素的影响，其建筑设计通道规模与规划中的空中步行廊道在高度、规格、走向等衔接方面存在较大差别，因此需要大量的磨合与协调工作，为此规划团队在招商环节中与部分开发商进行了反复多轮沟通，始终以坚守公共利益为先；其次，同一系统内不同区域的空中廊道，因所在地段的差异造成了权属有别——分属于政府或开发商，因此需要权属双方在建设时序上达成一致，协调工期、高度同步，最终实现精准的无缝对接，同时妥善开展后期管理工作；再次，规划团队还面临处理"城市传导系统"与月亮湾"城市阳台"之间的关系，实现在两套不同的大型设计方案中的协调与衔接。

中国香港经验或许能带来一些思考与启发。作为高密度城市，香港已经拥有由 700 多条人行天桥相接而成的空中连廊系统，其主要以公私合营的发展模式来建设空中连廊。为保证连廊系统的公共性，政府规定无论所有权如何，通道权益归政府所有，必须向公众开放使用；且私人开发建设的空中连廊，由私人进行管理运营。同时，香港政府制定了一系列精细化管理保障制度，包括"认可人士"制度、建筑面积奖励政策、建筑图则制度、监督审查制度等，以确保空中连廊系统的实施。

总体而言，"城市传导系统"的规划建设在发达地区已经有了成熟的实践，我国各大城市也在相继地开展此类型规划，并取得了一定成效。毫无疑问，"城市传导系统"在未来将成为创造活力、提升品质、彰显特色的重要空间。经验表明，在这一系统的发展历程中，好的规划设计是迈出开端的第一步，而后期的实施运营和管理维护作为同样重要的部分，还需要规划团队进行更多的思考、研究和实践。

3.2.5 自然土壤与地下空间的共赢

早在 2014 年规划初期，武昌滨江核心区规划设计团队与部分开发商之间就出现了意见分歧。前者希望保留自然土壤，后者则希望能把自然土壤直接去掉，从而最大化利用地下空间。

较高比例的自然土壤是城市中生物多样性的标志，也是城市设计中的重要研究方向，特别是对于像武汉这样高密度并有大面积已经硬化、无法渗水的城市地面，自然土壤在城市项目中的保持变得尤为重要。

法国风景园林师米歇尔·高哈汝曾经讲过一句话："天地相争于地平线，天地相争之地即是富饶之地。富饶之地上，丰盈的自然土壤必不可少。这份富饶为城市带来了机会，为了利用它，城市有了新的形态与组织方式。景观的边界不再是硬质的、固定的，而是疏松的、有渗透性的。"

此次与规划团队合作的法国夏邦杰建筑事务所始终坚持"一般每个街区都会保留大于 30% 的自然土壤"的观点。在法国设计师们的执着和规划团队与开发商的多次沟通协调后，确定下"保留自然土壤"的方案，最终在武昌滨江核心区内巧妙且慷慨地保留了面积约 $5hm^2$ 的自然土壤。这也成为滨江片区的一大亮点。

从客观上来看，保护自然土壤与片区的地下空间开发之间存在着一定的矛盾。一方面，规划团队需要开发地下空间，以适应打造"立体城市"的需求；另一方面，规划团队需要切实地保护自然土壤营造出一个有弹性、可持续的健康城市。如何更好地处理二者之间的关系，使两方面得到协调和统一，找到其中的平衡点成为关键。

根据相关词条解释，自然土壤是在自然成土因素，如母质、气候、生物、地形（貌）、时间等综合作用下形成的，未经人类开垦利用的自然植被下的土壤。它伴随着"海绵城市"的概念。简单来说，它能够贮存、渗透雨水或地表径流，并在贮存和渗透这两个过程中通过植物的作用来尽可能地减少污染。如今，城市规划设计中非常提倡渗水空间，也常被称为"缓冲区"。武汉曾经在持续快速扩张中，大量土地被硬化，而地表径流总量和流速的增长使得地形凹陷和排水网络饱和，最终可能引起特大洪水。这就迫使城市以高昂的造价和漫长的周期来筑坝与加强地下排水管网，一是以防止江河水频繁地溢入城内，二是治理"一雨就涝"的严重局面。由于武昌滨江商务核心区地处临江区域，"保护自然土壤"成为减少洪涝威胁的有效途径，它能延缓地表径流在冲击平原上的汇集，同时也可预防洪水风险，在雨水收集治理中能够使人清晰地看到滞留水的水量和水位。

此外，研究表明，城市中心的温度通常比其周围的乡村高 2 ~ 3℃。保存的自然土壤及其植被能够加倍并持久地减少城市热导效应，为像武汉这样的高密度城市带来更多凉爽的空气，营造舒适的小气候。自然土壤可以在一段时间内贮藏水，这能够使当地的湿地植物群欣欣向荣，湿地动物群蓬勃发展。与高密度的非渗水城市相比，渗水城市中两栖或湿地空间能极大地改善湿地环境的生物多样性，并使人反省曾经建立的城市与自然、人与水系这种针锋相对的关系，从而走向和谐。自然土壤多孔疏松，拥有相当的深度，如果它同时能够有效并广泛地缓滞地表径流，这种滞留将带来当地水系的扩大和增长。武昌滨江商务核心区并不是独立存在于这座城市中，在此保留一定数量的自然土壤，使得生态系统不会被防汛墙一刀斩断，而是在防汛墙两边都能蓬勃发展。自然土壤能够拓宽垂江生态走廊的宽度，促进城市、水体及周边湿地环境间的相互渗透。其中，"城市客厅"公园是武昌滨江商务核心区的"神经中枢"。得益于其中心节点性位置，这里或将成为高密度城市环境中生态效益、生态保护、生态设计和生态恢复方面的典范，因此最大限度塑造可渗水景观至关重要。

为了促成这一点，规划团队将各种设计要素融入改善城市中心生态系统的进程中，以获得更好的生物群落系数，如建立以植物净化为主体的景观，这样可以从根本上大量减少污水直接流向长江。在"城市客厅"公园内的自然土壤能使地面渗透性得以最大化，并有助于对水的收集、滞留、净化以及去污后的排放。自然土壤滞留了沉积物，从而减少长江的浑浊度。这个生态范例将成为推动城市雨水与江水再利用的开端，尤其是在推动减少江河浑浊和污染方面起到了重要作用。这一切对于长江来说大有裨益，长江也不再被认为只是交通运输的媒介或单纯的水文工具，而完全作为一个生态单元，为城市提供更加舒适的环境和更丰富的本地生物多样性。

　　在规划设计过程中，规划团队参考了多个重大城市规划项目的中心生态公园案例。其中，典型的包括巴黎市克里希－巴提诺联合开发区城市规划项目中的马丁·路德·金公园，以及巴黎西南郊布洛涅－比扬古地区赛甘岛及塞纳河沿岸联合开发区城市规划项目中的中心公园。前者原址为废弃的巴黎圣拉扎火车站以及相关设施用地。这里具体有 57% 的住宅，其中 50% 的社会住宅以及 800 套学生和年轻就业者公寓；另外是 30% 的办公楼，8% 的街区级公共建筑，5% 的商业建筑和多种服务类建筑。一个占地 $10hm^2$ 的城市中心公园将成为未来这个街区的核心场所。在 $10hm^2$ 的公园四周，居住区都有相当高的建筑密度，因此这个公园是为了开辟更多的公共空间和留住更多的自然土壤。这种理念不仅在整个开发区的尺度上被物化实施，在组团内部也是如此。组团内部的景观设计必须由拥有国家资质的景观师进行设计。设计中他们必须遵循以下几个原则："保留自然土壤，开辟开敞空间和绿地，并保证组团绿地通过多种植物与中心公园的重要植被相连接。"开发区的雨水（屋顶径流与非机动车道径流）被整体收集并处理。处理这些雨水以中心公园的土壤为主，组团绿地土壤为辅。处理过后的雨水用于公共植被灌溉以及私有地产内部的灌溉。中心公园的职能不仅是整个街区的核心公共空间，也是一个集中水和处理水的场所。在雨后，它可以被雨水填满，变成一个巨大的植物公共蓄水池。一些地方被设计成不会被上升的水平面淹没的高地，或是与水隔离的场所。在蓄水情况下，水下草木葳蕤，水上花草摇曳，小径阡陌交通，游戏场所星罗棋布，点缀其中。中心公园变成了名副其实的城市、生态以及水利核心系统。

　　参考国际上的多项案例即可看出，较大面积保留自然土壤能让城市中心生活条件得到改善，建立人与自然新的联系，城市中的人与其生存环境不是相对立的，而是相互接受并和谐相处的。事实上，保留自然土壤与修建地下空间也并不存在根本矛盾，可以变相解决。当然，地下空间的开发本身确实存在一定问题，如开发利用的综合协调性不够，地下空间碎片化建设、互不连通的现象比较普遍，各类地下设施之间还存在争抢空间的无序现象，综合管沟等集约利用措施缺乏有效推进等。

　　道路下方属于公共空间。所以规划团队的具体思路是，将道路下方打通，让地下空间整体化，变"点"成"面"。相当于把自然土壤的部分集中转移到道路下方，把零碎空间也充分利用起来。同一开发商相邻地块的空间可作整体开发，以物理方式分隔，扩大地下空间的使用效率，节省用地。这也相当于让开发商的需求用另外一种方式达成，并且是在保留自然土壤的前提下。

为了更好地开发利用地下空间，规划设计团队严格执行《武汉市地下空间开发利用管理暂行规定》，根据地块功能的层高需求和地块之间的连接状况，地下空间的埋深采取不同的设计策略。考虑市政管线以及地面景观和种植需求，合理的覆土厚度设置为 1.5 ~ 2m。规划团队原则上是希望地下空间能集中统一规划，也只有在整合化以后才有空间保留自然土壤，它们是相辅相成的关系。

3.2.6 地下环路方案的演化

已有许多实例证明，地下空间作为城市发展的资源和载体，是逐步完善城市功能、实现城市空间立体化开发、使城市生态化和可持续发展的基本条件。

将交通、基础设施和商业等功能下移，尤其是在城市功能相对集中、用地矛盾尖锐的地方，合理开发地下空间是城市走向集约化和效率化发展的重要途径。

在城市地下空间的规划和建设中，其中重要一环即修建地下环路。简单解释地下环路，就是用于联系地块与地面道路的地下车行通道。这类工程在联系并整合区域地下资源的同时，又能有效减少地面道路交通绕行。回看武汉对地下空间的利用，在 20 世纪 80 ~ 90 年代基本都是"平战结合"工程，直到 2008 年《武汉市主城区地下空间综合利用专项规划》的颁布，民众才逐渐有了"地下城市"的概念。

近年来，武汉多项政策的出台对地下空间发展也起到了积极的推动作用。例如，《武汉市城市总体规划（2010—2020 年）》中明确指出："集约高效利用土地资源，鼓励地下空间有序开发利用，与地上空间开发相结合，建设完善的地下交通系统、地下生命线系统、地下人防系统、地下市政设施系统、地下公共设施系统，形成现代化的地下空间综合利用体系。"这表明地上、地下一体化是未来城市发展的趋势，并且可能会面临更多改造或提升功能的项目，也要求对立体化城市功能提升、城市改造综合技术加大研究，提出一些具体的新思路。

《武昌滨江商务核心区实施性城市设计》在这样的背景下诞生。据此，武昌滨江核心区将建成地下空间开发、地下交通、地下市政设施等多种功能复合三维地下城市，形成地下停车库连片、高强度开发的多层地下空间。

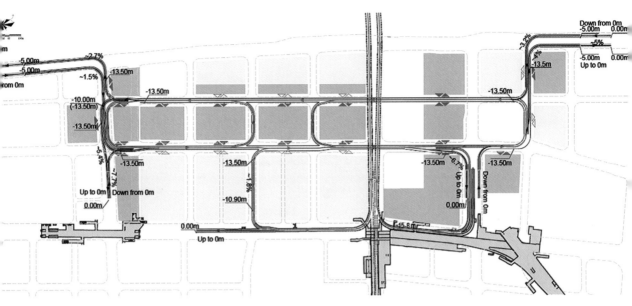

图 3-9　2013 年版地下环路方案

武昌滨江核心区地下空间是按照构建三维立体城市网络，集约化与一体化的原则进行的地下空间规划设计：结合和平大道两处轨道交通站点，即轨道交通 5 号线三角路站和轨道交通 5 号、7 号与 8 号线的换乘站徐家棚站，以及地下交通和地面景观形成双轴地下空间与地上景观构成的三维立体城市网络。

这项工程所在地的地貌属长江河床及长江一级阶地，整体地势是南高北低，地面高程 22.000 ～ 26.000m。场地内除秦园路、徐家棚街等形成局部路段外，其他道路尚未按规划形成。武汉长江公铁隧道、轨道交通 8 号线隧道东西方向下穿规划区域。为缓解地面道路交通压力、保障地区开发品质，提升出行效率、实现停车共享，武昌滨江核心区规划建设地下环路。

修建地下环路是必需的，这相当于在地下增加了一层车行路面，能够尽快使机动车下地，区域间的连通可疏解一部分地面交通压力，释放地面空间给公共交通、人行及非机动车，解决地块出入口不足的问题。2019 年底，《地下环路修建性详细规划》正式被批复。

武昌滨江核心区地下环路是武昌区近几年最大的基础设施工程项目。等到项目整体完成后，人们选择地下环路，从汉口便可以更加轻松、快速地抵达武昌，直接驶入武昌滨江核心区地下空间的综合体。由核心区去往武昌的其他方向也显得更为便捷。

图 3-10 2019 年版地下环路方案

抽样调查显示，部分武汉人还没有意识到地下环路的优势，不少驾驶人还保留着惯性思维，认为深入地下再上到地面，肯定更浪费时间，他们宁可在地面上绕行也不愿意选择地下环路。这还需要加大力度宣传，引导人们将来愿意尝试选择地下环路这个避免拥堵的"通道"。

先来看项目道路交通情况，武昌滨江核心区周边仅临江大道、和平大道形成现状道路，地下环路途经的经二路、纬二路、武车中路、武车二路及周边道路尚未形成。

在交通需求预测上，分为两方面。

一是"总体交通需求"。根据武昌滨江核心区城市设计，核心区总建筑面积可达331 万 m²，以商业、办公为主。预测至 2035 年，区域引发客流为 16 万～20 万人次，引发车流 1.3 万～1.6 万辆 /h。根据流量预测，在没有地下环路的条件下，区域路网整体服务水平较差，和平大道（武汉长江公铁隧道出口匝道）段、武车中路、徐家棚大街、纬三路、纬五路、武车二路、武车一路服务水平均为 E 级及 E 级以上。仅靠地面路网无法承担区域土地开发的需要，应提升路网承载能力。

二是"地下环路交通需求"。武昌滨江核心区地下环路吸引的车流以汉口、武昌南、青山方向为主,服务中长距离的到发交通。从地下环路到发交通比例来看,武汉长江公铁隧道承担比例占 22%,临江大道方向占比 32%,和平大道方向占比 46%。地下环路高峰承担交通量为 5553pcu/h,占总引发交通量的 39%,地下环路最高断面交通量 1636pcu/h。

核心区高峰时段机动车出行量较大,路网负荷较高,随着商务区开发的深入,地面道路交通将逐步趋于饱和。通过设置地下环路,置换部分地面道路空间,分流地面交通,减少地面道路交通压力,提高区域地面交通品质。并通过地下环路将周边地块的地下空间开发有机结合起来,整合区域地下空间资源并提高其利用率,形成完整、通畅的地下空间体系。实际上,武昌滨江核心区地下环路具有明确的功能定位:结合上位规划和交通流量预测分析,地下环路可实现缓解地面交通压力、停车共享、提高环境品质和服务两岸联系的功能。

具体规划标准为:功能等级为城市支路,设计车速 20km/h,与车库衔接处 10km/h,主线车道数量是单向 3 车道,车道宽度为单车道宽度 3.0m,净空标准不低于 3.2m。在武汉滨江商务核心区城市设计方案阶段,规划地下环路主线依次沿"经二路、武车二路、武车中路、纬二路"道路下方布置,主线全长约 3.0km(含纬三路联络道),局部穿越武汉长江公铁隧道、轨道交通 8 号线区间隧道。

地下环路将位于地下三层约 –13.5m 处。设置"5 进 5 出"共 10 个接地面出入口,分别布置于临江大道、徐家棚街、武车二路等通行能力较强的主、次干路上;"1 进 1 出"共 2 个联系三阳路武汉长江公铁隧道出入口,以服务越江跨区交通。

经过研究,此方案基本满足区域交通组织需求,可支撑区域开发建设,但存在以下问题:首先,临江大道两对出入口占用现状道路约 800m,影响临江大道交通及景观功能;沿长江干堤建设,应进行专项防洪评估和审批,项目周期长、不可控。其次,徐家棚街地下环路入口车流与长江二桥下桥车流及纬二路车流存在交织,交通组织不便。该地下环路入口距轨道交通 8 号线隧道结构间距仅为 5.1m,且为曲线段,需采取明挖施工方式。前期经调研,该处地质条件状况较差,地下环路入口建设对已运营的轨道交通存在安全影响,需进行专项设计和轨道安全评估,工程建设存在不可控性。最后,根据城市设计地下空间总体功能布局,商业主要布置在地下一层,地下二层至地下四层为地下车库。规划地下环路设置于地下三层,不利于交通组织,且增加工程投资和上跨武汉长江公铁隧道、轨道交通 8 号线区间隧道节点工程实施风险;增加出入口通道长度,使得武车二路距和平大道灯控路口间距不足 50m，易导致灯控路口和环路出口拥堵。

为保障地下环路的可实施性和城市交通功能，需进一步对地下环路方案进行研究。后期开展前期方案研究时，结合了以上城市设计方案、地下环路建设条件等因素，在原城市设计地下环路方案的基础上，按照"保障环路功能、提升工程可实施性、近远期结合"的原则，武汉市规划院联合武汉市交通院、上海市政总院等单位进行了深化设计研究：临江大道设 2 对出入口方案、临江大道不设出入口方案、临江大道南侧设 1 对出入口方案、临江大道左进左出 1 对出入口方案。综合方案的功能性和可实施性要求，并经 2019 年 11 月 28 日武昌区投资工作委员会第四十一次会议审议通过，推荐"临江大道左进左出 1 对出入口方案"。

与所有规划设计一样，在武昌滨江核心区地下环路的规划过程中，同样遇到过多次矛盾。此项目整体预计 2022 年完工，晚于武汉长江公铁隧道的工期。如果不及时沟通，工期的不一致可能造成地下环路无法接入武汉长江公铁隧道，导致整个环路计划失败。要知道，此次规划设计的一大亮点即是地下环路与武汉长江公铁隧道 E、F 匝道打通进行连接，但是三阳路段隧道施工非常紧急，规划团队在规划过程中隧道已经开建，等到发现问题时，武汉长江公铁隧道的两个匝道工程已经完工。

2016 年 3 月，武汉市政府召开专题协调会。会上明确指出：对于地下环路与隧道匝道的衔接，应尽快进行对接，明确规划实施方案。规划团队紧急与相关方开展多轮沟通与协商，达成一致：第一，对地下环路接入段开展可行性研究；第二，在可研基础上，开展施工图设计，破除隧道匝道已建成工程，重新施工，把接口预留在核心区范围内，避免远期建设对隧道的影响。

对该方案征求武汉市政府相关部门意见后，回复意见包括：一是路网密度要高，保证区域交通运行畅通；二是路权分配合理，保证人人都有路可走；三是过街设施配套建设完善，兼顾行人与非机动车过街需求；四是临街应商业淡化，减少临街铺面的建设；五是配建工作必须跟上，满足日益增加的停车需求；六是一次性规划，分步实施，留好预留接口，减少后期提档升级次数；七是盲道建设科学合理。而后方案得以顺利实施。

除此以外，地下环路还出现了与已建成的轨道、走廊发生交织的问题，如标高、切入形式、交叉距离安全合理性等，涉及大量与武汉地铁集团方面的沟通。后来规划团队调整了环路方案，在空间标高、竖向上要与轨道进行错开，尽量不出现平行长距离交织。

　　因此，有关地下环路及地下空间的开发与建设，规划时需要进行多方考虑，只有这样，在建设时才能减少二次甚至多次开挖造成的影响。规划团队在规划设计中一次次解决矛盾与冲突，也正是希望尽量用最小的扰动来开发城市新的空间。

第 4 章
协作之力

4.1 法国夏邦杰建筑设计事务所：武汉与巴黎双城记

"当盛夏傍晚的暑气薄了几分，携家带口的武汉人便往江边漫步。对岸楼房里的灯火与点点星光辉映，呼唤着晚霞的轮船汽笛声从耳边掠过，扑面而来的是湿润的风。"

这是武汉人心中的江城，也是法国夏邦杰建筑设计事务所（以下简称为"夏邦杰"）主创及国际项目负责人潘明丁儿时的记忆。回忆起少年时在武昌区中华路成长的青葱岁月，潘明丁深情地说："武汉人和长江一直如此紧密相连。"

2014 年春天，夏邦杰受原武汉市国土资源和规划局、武汉市土地利用和城市空间规划研究中心（以下简称为"武汉市地空中心"）邀请，作为武昌滨江商务区核心区实施性规划的协作机构，参与到这一项目的整体设计规划工作中。

依水而生是武汉永不磨灭的魅力，当江堤、车流与建筑逐渐阻隔人们眺望长江的旷达，潘明丁和他的团队尝试着在这一轮设计方案中突出"城市性"的意义，从空间和视觉上将长江还给武汉市民。

"与武汉市地空中心合作之初，双方已然有一种高度默契，滨江核心区是武昌区仅剩的一大片完整而稀缺的土地资源，规划团队将倾注全部心血共同将其打造成一张亮眼的城市名片。"

武汉市地空中心以开放的眼光和包容的姿态，迎接来自大洋彼岸的城市设计理念，夏邦杰则充分应用其国际视野，以创新而富有想象的工作方法发现和解决问题，最终以精妙构思诠释对滨江核心区的理解："从人的尺度出发、从对自然和城市的尊重出发，再次建立水和人的亲密关系。"

武汉人说"江在心中"是一种概念，但是绝大多数时候，受到防汛堤的阻隔，武汉人看不到长江。夏邦杰在巨大的建筑群尺度中重新找寻"人"的重要位置，并加以设计屋顶高空步道和"城市传导系统"，为使用者营造舒适的感受空间。"人们将从不同的高度和视角眺望长江之壮美，'半江瑟瑟半江红'的胜景画卷将尽收眼底。滨江核心区的设计从根本上重新建立人和水的新关系，加强了市民与长江之间的联系。"

在空间的营造上定位人的处境，在时间的长廊中延续人的记忆。武九铁路作为连接滨江核心区重要线性公共空间的历史标记，承载着整个片区记忆的保存。

"我们调研发现，这片土地从来不是干净的水泥森林，而是成熟的、武汉里分般的小小街巷。尽管铁路周边老旧民房已经破败，但是原生态的建筑尺度正是人性化的完美演绎——巷子之间几米宽的距离，拖一把椅子出来，就可以跟住对门的老太太拉家常了。"

通过前期的敏感性阅读及诊断工作，夏邦杰团队成员以完全中立的态度，深入调研与体验了区域本身的内在价值，而老房子、烟火气是潘明丁眼中珍贵的城市生命力——滨江核心区本身就位于城市肌理丰富的地段，这正是他心中需要守护的"城市性"。

"城市性"的背后承载着一种珍贵的生活方式，体现了人与人之间的关系，这份非物质性的文化留存，带给现代人久违的亲切、平和与包容。在"城市村落"的设计概念中，以保留五九铁路为基础，用现代建筑的手法重新构建老房子的形象与内涵，从而在滨江核心区的这一大体量建筑群中根植与延续城市的生命基因。

"和武汉市地空中心的合作让我们不断产生新的观点碰撞，我们彼此对于对方观点总是充满好奇的兴致和探究的精神。"潘明丁说，在滨江核心区的设计思路上，双方经历了多轮的沟通和探讨。例如，强调降低地下开发的体量，坚守"自然土壤"，以实现可持续发展；在中央区域规划公园，实现环境和收益的平衡，带来高度和谐的空间体验；从行人的舒适尺度出发，具有前瞻性的"小街区密路网"的设计思路；依照国家土地管理政策，以景观设计手段处理建筑红线区域，实现公共与私人空间的无缝衔接……

"法国在 20 世纪 60 年代城市规划领域曾出现的思维偏差，如今已然显现，这使我们得以在滨江核心区项目中极力避免同样的教训。而在中国的规划语境之下，我们对项目规划实施中遇到的新命题不断理解、适应、创新，最终将设计思想从纸上蓝图化为现实。"回忆起滨江核心区项目带来的收获，作为曾经的法兰西年度最佳青年建筑师奖获得者，潘明丁感触良多。

城市就这样不断的变化和更新着。由于时差的关系，法国夏邦杰和武汉市地空中心在线交流的时间经常是在江城的夜晚。更多的时候，潘明丁每月于巴黎和武汉间往返，滨江核心区项目就这样无声牵动着的大洋两岸两个团队，将巴黎与武汉紧紧连接。

　　在潘明丁看来，武昌滨江核心区项目是夏邦杰在对中国规划环境的深刻理解之上建立的一次开创性尝试，它迈出了武汉与法国在国际协作规划上的关键一步，大家在日复一日的交流与磨合中，也收获了知己般的珍贵友谊。

　　武昌滨江核心区项目中法合作的成功，也成为夏邦杰在武汉深耕城区规划的最好开端。其后，夏邦杰与武汉市深度合作，相继揭开了武汉国际文化创意产业城——湖北日报社片区规划、武汉中央创智区大学之城核心规划、武汉蔡甸中法生态城规划等系列大型城市设计项目的序幕。

　　而武昌滨江核心区项目传达出的，也正是法国夏邦杰与武汉市地空中心对江城未来的共同愿景，那就是借助科学的规划和设计思想，通过精心耕耘每一个合作项目，持续实现对城市实力的提升，对城市记忆的延续，对珍贵城市性的保存。

4.2 德国欧博迈亚设计咨询有限公司：以严谨之态探武昌滨江

"从喻家山要去武昌江边，要转一道公交车。从现在长江大桥纪念馆旁边的小电梯上去才能看到波澜壮阔的江面，对于曾经光秃秃的武昌江滩来说，那是我们最享受的事情了。"参与滨江核心区规划设计项目的德国欧博迈亚设计咨询有限公司（以下简称为"欧博迈亚"）团队成员中，有建筑师在武汉读了五年书，对这座城市有着重回故里的质朴情感。

也有成员是德国土生土长的本土设计师，他们曾在两德统一后的欧洲建设大潮中"冲浪"，也曾为 20 世纪 90 年代后建筑市场饱和而落寞。幸运的是，当站在武昌滨江，看到尚待建设的两江四岸天际线，设计师独有的巨大脑洞瞬间打开了。

2013 年，欧博迈亚团队正式开始参与项目，经历了概念规划阶段和修建性详细规划两个阶段。

在概念规划阶段，团队接到地下空间的设计任务以后，分析了规划地块的设计条件以及地面城市设计的方案以后，首先提出了对上位规划的修改意见，并根据设计经验，提出了地下空间的开发策略、开发规模以及总体的布局方案，同时考虑到规划地块交通的复杂性，也提出了修建地下环路的方案。

在第一个阶段的工作完成后，欧博迈亚团队意识到如何综合协调参与的多方意见是解决问题的关键。2017 年，他们提交了完整的地下空间总体方案，包括地下空间的定位、规模、布局、交通组织、功能、景观系统以及地下空间核心节点概念方案设计等。

当然，方案的出炉来源于团队地下空间设计经验。从 20 世纪 60 年代的欧洲最大的地下空间工程——德国慕尼黑 Stachus 地下空间项目到进入中国之后 30 多年间在各大城市耕耘的 CBD 项目，都是欧博迈亚团队的傲人之作。

"这座城市的记忆带给我灵感。譬如光谷，曾经对我来说就是一个广场转盘，一个软雕塑。但现在，它是超级地下城，是我心目中武汉的动力源泉。"欧博迈亚团队曾经参与当时国内规模最大的单个地下空间的武汉光谷中心城地下空间项目，这个项目的开发经验，对滨江核心区地下空间的开发具有很好的指导作用。

"这两个承前启后的项目，让我常常想起来从喻家山开往武昌江边的公交车。这是我的青春之路，又是我重塑这座城市的路径。"

欧博迈亚团队所说的重塑，其实也是武汉这座城市的定位巨变。在一般人的印象中，提到商业区、商务区、滨江，多半会想到汉口，想到江汉路、武广、建设大道和汉口江滩。而提到武昌的滨江地区，更多出现的词则是大型工业企业、近代工业中心。

变化就发生在近十年。长江大桥和二桥之间的长江两岸地区成为武汉真正的地理中心，龟蛇二山、黄鹤楼、电视塔、老龙头则是这个区域的地理象征。随着长江主轴概念的提出，这个地区的重要性再次被强化。

武昌滨江核心区地下空间开发最大的亮点就是一体化开发，这里的一体化不仅是地下空间，而是地下、地面、空中三维空间的一体化开发。而这个项目中最大的难点，在于项目本身的复杂性，以及时间导致的各种变化。

复杂性中包含最多的是与多个设计单位的协调沟通。武汉市地空中心见证了欧博迈亚光谷项目的设计和建设过程，因而给予对方最大的合作信任和发挥空间。

正因为如此，欧博迈亚团队才能在最大程度上坚持设计的初衷。譬如地下环路的设计问题，从线位、标高、与过江隧道的连接方式、与开发地块的连接方式、具体截面形式等问题，每一次的修改都能顺利落地。

当然，合作免不了会有遗憾。比如原本设计中的"江城客厅地下空间"，也就是徐家棚地铁站到月亮湾城市阳台之间垂江的公共地下空间，因为种种原因没有实现。

团队严谨的德国设计气质也给予地空中心很多合作的信心。"严谨的法规基础，有力的机械技术，逻辑性的思维"是德国设计中很重要的三点，对于任何一个项目，都要通过详细的研究和分析，通过综合考虑其周围的环境、交通、使用功能、使用人群、经济性、美观性等各种因素得出理性的结果，并严格按照设计实施。

无论是武汉还是其他城市，城市建设和城市设计的使用周期是几十年甚至百年。一个好的项目会成为一个城市的标志，成为城市使用者聚集的场所，为其提供便利和享受。相反，一个不适宜的、有缺陷的城市建设项目，会在长达数十年的使用中被诟病。欧博迈亚团队盼望着，他们参与的作品能够成长为前者。

4.3 上海市政工程设计研究总院（集团）有限公司：将高效交通渗入城市设计

站在日落时分的武昌沿江大道，上海市政工程设计研究总院（集团）有限公司（以下简称为"上海市政总院"）的高明有些恍惚，这种感觉像极了他第一次去外滩时的冲动。为什么会这样？最终他找到的原因是：两座城市都是长江儿女。

他未曾见证过陆家嘴和外滩的规划之初，却在2013年收到来自武汉市地空中心的邀请，去用自己擅长的交通解决方案重新定义武昌滨江。

遇到地空中心这样一个强有力的支撑者，上海市政总院团队觉得十分幸运。"2013年，滨江概念在全国并没有推广开来，武汉在各方面已经走得很前了。"进入项目团队之后，更让高明惊喜的是，他每天交流的法国合作机构，参与本次项目的并不是中国驻地设计师，而是来自于法国总部的行业翘楚。这是地空中心对于高质量合作团队的整合能力，它让强强联合，在楚境握手。

"因为时差关系，我常常会在傍晚七点左右（欧洲早晨上班时间）与其他合作机构讨论项目，如果恰逢公司聚餐，等我的经常是杯盘狼藉。"高明回忆起那段日子，却觉得无比开心，因为不同文化、专业、生活背景的碰撞，让他常常兴奋得无法入睡。

武昌滨江的三条主干道——沿江大道、和平大道、友谊大道，高明看到的上位规划中，对它们的功能定义是类似的。但上海市政总院团队觉得，这三条路的交通功能是完全可以有所区分的。

譬如友谊大道可以作快速化道路（交通性主干路），但沿江大道就是生活性主干路，甚至有一段可以做成全下穿通道，从东面延伸过来，让人充分感受长江。

这样一个全新的设计理念，经由地空中心和武汉其他职能部门协调，最终完美呈现在了设计图上。更加难得，其他两家合作伙伴也在他们的专业上和高明达成了完全一致。

强者之间是能互相成就的。无独有偶，当地空中心和建筑合作方提出将武九铁路的部分线路以"城市印记"的方式保留下来时，高明和另一家机构拍手称赞。上海市政总院团队立刻开始思考这个区域的交通处理方式，他们把这段线路做成了一段步行带，给曾经生活在这儿的老武昌人保留住了永远的生活记忆。

同样，如何实现人车分流，让防洪堤不要遮蔽最美的江景，也是上海市政总院团队和其他两个团队共同在思考的问题。当建筑设计方提出"城市传导系统"这个概念时，高明觉得新奇又有噱头。深入交流后，高明意识到这和他们想要处理的二层连廊设计方式不谋而合。

在当时，这个概念只在香港中环广场和陆家嘴一期有所实现。在高明看来，这也是武昌滨江商务核心区实施性规划的创新点之一，地下一层是轨、路和库，地面一层是车行道，二层是人行通道。这就意味着从地铁站走出来，有人直达地库沿着长江开车走向回家的路，有人走上连廊，望见长江烟淡水云阔。

在水生万物、与水共生的武汉，这应当是最打动人心的设计。

第一阶段的专项规划完成后，上海与武汉的缘分还在延续。

2020 年，上海市政总院团队再次中标武昌滨江核心区地下空间环路工程 EPC 项目工程 1 标。过去几年与地空中心的合作，双方已经积累了很多无关地缘的默契。在那年的特殊情况下，这种默契更加难能可贵。当时上海市政总院项目组与地空中心的视频连线的屏幕中出现的，往往是才刚刚从社区下沉结束、满头大汗的规划师。如果说，之前双方的合作是工作和项目，那么经此一"疫"，则多出了共情的温暖。

"那年年初因为情况特殊，我们的项目工程可行性研究是通过微信群和视频软件完成的，看到每个头像每天都健健康康地在跟我们热烈讨论，也会对武汉产生一种特殊的牵挂。"

工程地下环路主线依次沿经二路、武车二路、武车中路、纬二路道路下方布置，局部穿越越江隧道、轨道交通，道路为单向三车道规模，首尾闭合形成环路，采用逆时针交通组织，主线全长约 3km，项目总投资约 42 亿元。该地下环路建成后，将串联武昌滨江核心区地下空间、地下市政设施，形成多功能复合三维地下城市，缓解地面交通压力，保障地区开发品质，提升出行效率，实现停车共享。

上海市政总院项目团队由于已经扎根武昌十余年，作为外来的合作伙伴，他是对武昌认识最为通透的。

"我们当初在成立武汉分部时也选择了武昌，不知道是不是一种历史的契合。作为新武昌人，我们希望目之所及，尽是大好河山。"

4.4 专家论滨江

城市中央商务区的规划创新实践

　　十年间，武昌滨江商务区如何从无到有，从城市最后的处女地变成武汉最美的城市天际线？除去规划人、设计人的投入与付出，相关领域的专家也在关键的节点给予了这个项目高屋建瓴的建议与支撑。他们分别从发展谋划、组织设计、中外技术协作、问题解决路径等方面对武昌滨江商务区项目进行了专业的点评与指导。本书的编著过程犹如大海行舟，而这些专家则是远方的灯塔，给予我们力量，支持我们前行。

李锦生

中国城市规划学会常务理事、规划实施学委会主任委员，
山西省住房和城乡建设厅一级巡视员，教授级高级规划师

　　武昌滨江商务区核心区城市规划设计实践，非常系统全面地呈现了一个城市地区如何在过去十年中通过规划组织设计到实施创新的生动案例。滨江商务区功能复合、工程复杂，不同地块地下、地上相互交错，不同投资人之间工程相互交错，把如此复杂的建设项目组织实施者带着设计方案"招拍挂"，体现了城市政府和城市规划主管部门的责任、情怀和能力，在国内具有很好示范作用，是城市规划和建设项目的优秀实践。

叶裕民

中国城市规划学会常务理事，中国人民大学公共管理学院教授、博士生导师，
学术委员会主任

　　面向实施的城市设计是我国当前规划设计领域的重点难点问题。本著作正是以武汉滨江商务区的核心区城市设计为例，全面、系统、深刻地阐释了面向实施的城市设计的基本

理念、关键内容、系统性方法，并生动刻画了该城市设计方案实施过程中的矛盾、难点以及解决问题的路径，包括技术手段、社会性手段、政策性手段以及新时代的规划师精神，是全面展示武汉城市规划高水平治理的生动案例，值得业界学习和推广。

赵民

同济大学建筑与城市规划学院教授、博士生导师

本书对武昌滨江商务核心区的缘起背景、发展谋划和城市设计实践作了完整阐述。打造一个成功的文化商务区，需要有各方面的支撑条件和持之以恒的努力，同时也离不开富有创意的城市设计和高品质建设。武昌滨江商务核心区的规划设计和实施运作具有诸多闪光点，对同类项目有借鉴意义。

谭纵波

清华大学建筑学院教授、博士生导师

伴随着我国城镇化进程进入中后期，城市更新、存量规划逐渐成为业界焦点。武昌滨江商务核心区城市设计实践正是这类规划实践的典范。面对拥有大量工业遗存的滨江地区，城市设计从遗产价值挖掘到中外规划设计技术协作；从精心谋划设计到规划落实实施，全场景地展现了这一地区基于文化历史环境、现况并体现协调与博弈的未来发展蓝图。

后记

从 2008 年武昌滨江商务区的概念提出至今，十余载光阴呼啸而过，武昌滨江商务核心区已从初出襁褓的婴儿成长为一位翩翩少年。

"有匪君子，如切如磋，如琢如磨。"武昌滨江商务核心区的规划建设工作启动于 2013 年，整体工作历时 9 年，4 次上报武汉市规委会，目前已全面步入实施阶段。书中所载寻的图纸、数据为规划编制及报批的过程性内容，最终项目建设方案以建设方上报行政主管部门通过的审批方案为准。整体来看，规划的实施还原度在全市七大重点功能区中处于领先位置。

回首往昔，作为武昌滨江商务核心区实施性规划的技术平台单位，武汉市土地利用和城市空间规划研究中心在不同的工作阶段扮演着多元的角色。这是一个动态的，不断总结、反馈和提升的过程，包含编制、审批、实施、管理、评价等诸多环节。

规划编制阶段，城市设计方案的形成有别于传统意义的城市设计，它绝不是纯粹的技术演绎与图纸推敲，而是通过多专业、全程式深度介入来保证规划体系的完整性；通过多阶段、滚动式规划编制来提高成果的可适应性；通过充分对接市场，应对开发主体的利益诉求和博弈。同时还要联系多部门，确认各项公益设施合理布局。规划实施阶段，规划团队与审批部门一同创新探索，形成了协商式决策与实施反馈机制，在"消极干涉"和"过度干预"之间，通过多轮次的"双向互动"找到平衡点。

实施性规划的理想状况是城市设计勾勒的蓝图能够原样落地。武昌滨江核商务核心区规划的实施之路并非坦途，期间经历了不少崎岖与坎坷，甚至会有一时难以跨越的沟坎。但我们能保持初心，摒弃"毕其功于一役"的思维，竭尽全力能让规划与实施能再向前跨出一步。

此书结合武昌滨江商务核心区实施性城市设计的实践经验，希望能为武汉市重点功能区理顺工作机制、提升工作效能奠定基础，真正实现实施性城市设计工作由以往终极蓝图模式向螺旋渐进式动态模式的转变。

　　此书的出版也是我们对武昌滨江商务核心区这片土地的深深致敬。特别鸣谢中共武昌区委办公室、武昌区人民政府办公室、武昌经开区（滨江）管委会、武昌区建设局、武昌区教育局、武昌土地储备管理中心、武昌区徐家棚街道办事处、法国夏邦杰建筑设计事务所、德国欧博迈亚设计咨询有限公司、上海市政工程设计研究总院（集团）有限公司、武汉市规划研究院等部门及单位在武昌滨江商务核心区规划建设中的艰辛付出，特别鸣谢相关专家学者在此书出版中给予的帮助。书中撷取的有堆积如山的图纸和资料中跌宕起伏的篇章，也有大家所不知的城市规划者和设计者们的日常工作瞬间。是他们让城市能够被精心打磨，温润如玉。

　　实施性城市设计作为武汉市应对规划实施的重要抓手，在"十三五"期间助推重点功能区规划建设、彰显城市风貌特色等方面发挥了关键作用。

　　"草木会发芽，孩子会长大／岁月的列车不为谁停下。"可以预见，未来五年实施性城市设计实践仍将持续活跃，让我们一起期待武昌滨江商务核心区黄金时代的到来。

本书作者

2022 年春